本书获闽南师范大学教材建设立项资助

# 计算机辅助翻译案例教程

卢水林　主编

 中国纺织出版社有限公司

# 内 容 提 要

本教材注重计算机辅助翻译的实际操作和运用，通过多个具体翻译实践案例的展示，让学生熟悉计算机辅助翻译的文本处理技术、术语管理技术、记忆库管理技术、文本对齐技术及其他相关的技术，并学习、操作相关技术对应的软件，从而真正掌握信息技术条件下的计算机辅助翻译这一新翻译模式和方法，为学生将来从事语言服务打下良好的基础。

本教材可以作为翻译专业计算机辅助翻译本科、硕士教学用教材，对自学计算机辅助翻译技术人员有很好的指导作用。

**图书在版编目（CIP）数据**

计算机辅助翻译案例教程 / 卢水林主编 . -- 北京：
中国纺织出版社有限公司，2023.11
ISBN 978-7-5229-1164-9

I. ①计… II. ①卢… III. ①自动翻译系统－高等学
校－教材 IV. ①TP391.2

中国国家版本馆 CIP 数据核字（2023）第 202073 号

责任编辑：向连英　　　特约编辑：郭妍旻昱
责任校对：寇晨晨　　　责任印制：储志伟

中国纺织出版社有限公司出版发行
地址：北京市朝阳区百子湾东里 A407 号楼　邮政编码：100124
销售电话：010—67004422　传真：010—87155801
http://www.c-textilep.com
中国纺织出版社天猫旗舰店
官方微博 http://weibo.com/2119887771
北京市金木堂数码科技有限公司印刷　　各地新华书店经销
2023 年 11 月第 1 版第 1 次印刷
开本：787×1092　1/16　印张：16.75
字数：290 千字　定价：88.00 元

# 前　言

　　翻译是人类历史上一项非常古老又复杂的活动，已有几千年的历史。神话中能够通天的巴别塔因为语言的隔阂虽未建成，但作为文化交流和传播的翻译活动一直延续至今，对人类的发展和繁荣功不可没。二十世纪中叶出现的电子计算机，为翻译插上了翅膀，计算机辅助翻译、机器翻译，以及最新的智能翻译技术的不断涌现，使得翻译不再只是人类的单打独斗的语言转换活动。人已经从繁重的翻译劳动中解放出来，但翻译仍然是人类交流和对话的重要手段，人还是翻译的最终使用者和意义确立者。

　　不可否认的是，日新月异的信息技术让翻译的模式和形式不断变化和创新。计算机辅助翻译和机器翻译技术的不断普及和发展，使得新时代的翻译更多依靠机器和技术。翻译中基本的文本处理、基本的语句翻译、翻译记忆库和术语库的更新，也让翻译技术和机器的作用越来越大。以 ChatGPT 为代表的人工智能技术让翻译成了一个纯技术的劳动，通过大模型和机器深度学习，计算机辅助翻译和机器翻译的水平和效果更加出彩。以至于人们对于语言服务行业或者翻译行业有了深深的忧虑：机器是否最终取代人让翻译这个古老的行业从人类的工作行业中消失？这种担忧是有道理的，但人类也有强大的适应能力，人作为技术的创造者和支持者，有能力找到一条合适的发展之路。

　　正是因为对计算机辅助翻译和机器翻译的好奇和思考，笔者十五年前开始涉足这个领域。记得第一次去武汉光谷参观当时业界小有名气的传神公司时，心中充满激动和好奇，机器竟然能做翻译。大学的翻译专业也在不断发展，不但有翻译系，也有了本科翻译与口译学士学位（BTI）和研究生翻译硕士专业学位（MTI），计算机辅助翻译成了翻译专业的基础必修课。因为教学的需要，我开始涉足计算机辅助翻译课程。几届学生教下来，才发现计算机辅助翻译和机器翻译的教学不容易。文科出身的我对于课程中涉及的信息技术和计算机软件操作等相关内容觉得难度很大，所以我慢慢从一位传统翻译系的任课教师向懂得一定信息技术知识和技能的教师转变。在数年的摸爬滚打中，一点一点融入计算机辅助翻译和机器翻译这类技术型的翻译活动中。在这几年的计算机辅助翻译课程的教学中我发现，现有的教材大多是由理科或者计算机背景出身的学者编写的，对于这门课程的入门级学习者而言有难度，过于抽象。此外，随着信息技术的快速发展，原来的一些教材已经有些落伍，需要更新。从国内已有的同类教材来看，理论性大于实践性，实用性不强。

怎样编写一本从实践出发的教材，让学生在一次次具体的操作实践中去体会、掌握计算机辅助翻译的相关知识和技能，并运用一些具体的软件和平台来解决翻译中的具体问题，正是我编写这本书的初衷。本书围绕新时代的语言服务与翻译、翻译搜索、计算机辅助翻译概述、文本处理、术语管理、翻译记忆库、几种有代表性的软件平台的操作和实践等内容，通过一个个具体的操作案例和相关的操作截图给学生一些直观的感受，让学生在具体的案例学习和课下的自我操作中完成学习任务，真正进入新时代翻译的角色。考虑到人工智能技术在翻译中的广泛应用，本书还增加一章机器翻译与译后编辑，让学生对计算机辅助翻译技术的新发展也有所了解，开阔眼界。此外，计算机辅助翻译的作用不仅体现在翻译专业中，对于商务英语专业来说，计算机辅助翻译也大有市场，我专门编写了一章商务谈判中的翻译与操作，作抛砖引玉之用。总体来说，本书是一本计算机辅助翻译的案例教程，而不是一本理论教材。

在编写此书的过程中，我的同事兼好朋友司延安、韩建林、洪诗谐也参与了部分写作工作，并对我的编写提出了大量的宝贵意见和建议。闽南师范大学教务处陈素娜老师，闽南师范大学外国语学院的领导和老师们也给予了我很多支持和帮助。河北优盛文化的孟鹏编辑一直十分支持我的教材编写，鼓励我继续不断努力，完成本书的编写。本书更是获得了"闽南师范大学教材建设立项"资助。我的爱人向士杰女士给我创造了一个温馨的编写环境，让我能安心写作。在此，我向他们表示衷心的感谢。

编者

2023 年 7 月于福建漳州

# 目　录

**第一章　新时代的语言服务与翻译 / 001**

一、我国语言服务行业进展情况 / 001

二、全球语言服务行业需求的变化 / 004

三、智能化翻译新时代的困惑与思考 / 006

四、信息时代的语言服务人才 / 008

**第二章　翻译搜索 / 011**

一、搜索意识与翻译 / 011

二、语料库检索与翻译 / 029

**第三章　计算机辅助翻译概述 / 039**

一、计算机辅助翻译 / 039

二、计算机辅助翻译原理与流程 / 044

三、计算机辅助翻译常见工具 / 049

四、计算机辅助翻译发展趋势 / 058

**第四章　文本处理 / 060**

一、基础知识 / 060

二、翻译中常见文件格式 / 069

三、文本转换 / 071

四、通配符与正则表达式应用 / 079

五、斑斓科技小助手 / 086

六、EmEditor 的应用 / 088

七、录制宏 / 091

八、通配符一览表 / 095

第五章　机辅翻译中的术语管理 / 098

一、术语与术语学 / 098

二、术语库 / 101

三、术语管理 / 103

四、术语管理技术和工具 / 106

第六章　语料库技术与翻译记忆库 / 110

一、翻译记忆系统 / 110

二、翻译记忆库的创建 / 115

三、语料库技术与翻译记忆库 / 127

第七章　memoQ 翻译操作与实践 / 129

一、memoQ 基本概况 / 129

二、memoQ 软件安装与界面设置 / 130

三、memoQ 的基本操作和流程 / 132

四、memoQ 翻译的重要技巧和操作 / 140

**第八章　SDL Trados 2021 的使用与翻译 / 162**

一、界面概述及功能模块介绍 / 162

二、Trados Studio 2021 单个文件翻译操作 / 177

三、MultiTerm 术语库基础及操作 / 184

四、Trados 翻译记忆库基础及操作 / 194

五、Trados 翻译多文件、机器翻译引擎设置、预翻译、伪翻译 / 200

六、Trados 项目协作基础、创建分发回收项目包 / 205

七、Trados 运行 QA 检查及内、外部审校匹配设置 / 208

八、Trados 常见插件、机器翻译及译后编辑 / 214

**第九章　YiCAT 在线翻译实操 / 217**

一、YiCAT 基本概况 / 217

二、工作界面及基本功能 / 220

三、YiCAT 平台翻译流程及操作 / 223

四、语言资产管理 / 228

五、作业任务 / 229

**第十章　机器翻译与译后编辑 / 231**

一、机器翻译简介 / 231

二、机器翻译三大核心技术 / 232

三、当前机器翻译存在的问题 / 237

四、机器翻译的译后编辑 / 241

五、结语 / 245

**第十一章　国际商务谈判翻译实践　/　246**

一、国际商务谈判基础　/　246

二、国际商务谈判中的翻译要求和重点内容　/　250

三、国际商务谈判中的翻译案例　/　252

四、结语　/　258

**参考文献　/　259**

# 第一章　新时代的语言服务与翻译

　　随着全球化、信息化和文化多元化的不断发展，语言服务越来越成为中国现代化进程中重要的生活需求和生产实践活动。对我国政治、经济、文化建设等诸方面有着重要的作用。同样，我国语言服务职业和语言服务产业也有了巨大发展，社会语言服务意识不断提高，语言服务能力正在不断提升。

　　21世纪以来，语言服务进入了快速发展期。目前，语言服务所覆盖的领域很广，虽没有一个确切的标准，但有广义、狭义之分。狭义的语言服务通常指语言翻译服务，而广义的语言服务是指所有以语言作为工具或项目内容而开展的服务，具体可以分为语言翻译服务、语言教育服务、语言支持服务、特定行业领域中的语言服务等四大类。

　　语言服务集知识服务、使用服务、文化服务、技术服务、教育服务、标准服务、贸易服务、公共治理服务为一体，全面统筹语言的不同功能，服务于新时代中国总体发展战略，以优质语言服务助力国际传播高质量发展。

　　统计数据显示，2020年全球语言服务行业市值约达475亿～484亿美元，2021年达516亿～529亿美元，2022年将进一步增长至548亿～577亿美元。其中，欧盟国家的语言服务业产值约占全球的49%，美国约占39%。根据中国译协2020年报告的统计数据，2020年中国8928家在营语言服务企业的产值约为61亿美元（约合人民币366亿元），约占全球语言服务市场总产值的12%。

## 一、我国语言服务行业进展情况

　　语言服务正是依托语言沟通和现代信息技术，并借助传播、翻译、计算机等相关知识为不同行业提供服务。这种服务超越了单一语言的信息传递功能或行业知识的普及功能，融合了话语内容的选择、传播方式的优化、译语的归化与异化处理、算法优化、海外受众接受度调查、传播成本控制等一系列的国际语言服务与管理活动。

近年来，随着人工智能技术的升级换代，及以 ChatGPT 为代表的机器人聊天技术的兴起和发展，语言服务的质量和速度得到大力提升，语言服务行业发展呈现出了新的面貌，一些新的问题和矛盾也随之产生。

翻译将往何处去，语言服务该如何评价，新的问题如何去应对与处理，要进一步思考和研究，让语言服务随着技术的进步更新换代，让整个语言服务的标准化和规范化更上一个新台阶。

**1. 语言服务行业、产业规模和产值稳步发展**

统计数据显示，截至 2019 年 6 月，中国开设外语相关专业的高校数量已经达到 1040 所，语言服务在营企业 369935 家，组成了浩大的语言服务队伍。

近年来，语言服务产业结构有所调整。2019 年，语言服务行业总产值达 384 亿元。值得关注的是，江苏的语言服务企业数首次超过北京、广东，达到 2159 家。而江苏、北京、广东三地的语言服务企业占据全国语言服务企业总量的 45.83%。

2021 年，中国含有语言服务业务的企业 423547 家，以语言服务为主营业务的企业达 9656 家，北京是语言服务企业数量最多的地区（图 1-1）。

语言服务为主营业务的企业全年总产值为 554.48 亿元，相较 2019 年年均增长 11.1%。

中国语言服务行业在营企业数　　　与 2020 年相比增速

图 1-1　2021 年国内语言服务企业数

**2. "一带一路"沿线国家的翻译业务量有显著增长**

"一带一路"沿线国家的翻译业务量有显著增长，其中，阿拉伯语、俄语、德语、英语和白俄罗斯语为市场急需的五个语种，如图 1-2 所示。

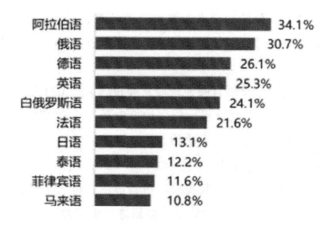

图 1-2　2021 年国内语言服务需求方急需语种排名

### 3. 人工智能翻译技术不断创新，机器翻译技术前景广阔

人工智能技术发展迅速，机器翻译在行业内得到广泛运用。人工智能已经取得了许多令人瞩目的成果。神经机器翻译（NMT）在翻译行业的应用逐渐增加，其翻译质量也在不断提高。

据统计，机器翻译与人工智能业务相结合的企业达 252 家；机器翻译 + 译后编辑的服务模式得到市场普遍认同。该模式能提高翻译效率、改善翻译质量和降低翻译成本（图 1-3）。

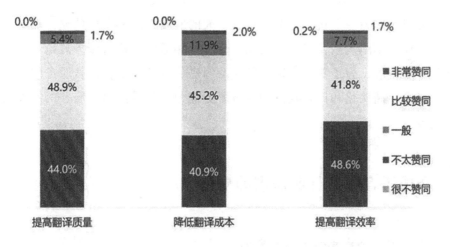

图 1-3　语言服务需求方对翻译技术的评价

根据《2022 ～ 2028 年全球与中国 AI 翻译市场现状及未来发展趋势》，2022 年人工智能（AI）翻译行业市场规模为 6.5 亿美元，而 2027 年人工智能（AI）翻译市场规模将达到 30 亿美元。

**4. 翻译教育发展、翻译研究与学科建设关注国家现实发展需求**

如前节所述，外语类相关专业的高校已达 1040 所，语言服务在营企业 369935 家。

根据《2022 中国翻译及语言服务行业发展报告》，2021 年，全国拥有翻译硕士专业（MTI）院校达 316 所，累计招生约 9.7 万人。全国翻译本科专业（BTI）的院校达 301 所。翻译专题学术活动的开展，在讲好中国故事、对外话语体系建设等时代重要命题上，取得了很大的成效。

翻译需求提升，翻译教育不断发展。报告显示，近年来翻译需求总体不断攀升，翻译教育发展迅猛，翻译评价体系也得到进一步完善。

**5. 翻译行业标准化建设、行业规范化管理水平的进一步提升**

围绕翻译服务、人员基本能力要求、翻译技术、供应商选择、翻译计价、翻译培训等方面，中国译协已牵头组织编制 5 部国家标准、18 部团体标准及行业规范。近九成的受访企业表示行业标准有助于企业规范化运营与高质量发展。

现如今是全球化时代，互联网的信息技术交流已成为时代的主旋律。对语言服务行业进行有效的资源整合，将有利于实现语言服务行业的规范化和可持续发展。跟世界上先进的国家相比，我国目前在标准化建设这方面，还存在着很大的不足。旧的标准需要更新，新的标准有待制定。特别是随着人工智能技术在翻译中的不断发展的新情况，我们需要制定与形势相一致的全新标准。

语言服务作为一个新兴行业，具有很大的发展空间和发展前途。随着"一带一路"倡议的不断发展，我们需要制订出与之相适应的语言服务规范。随着世界经济的不断发展，为了我国在国际领域取得进一步的发展，语言服务的发展不容忽视，必须不断深化和提升我国的语言服务能力，为我国语言服务的发展增添新时代内容。

# 二、全球语言服务行业需求的变化

## 1. 语言服务全球总体需求的变化

根据 2012 年语言服务市场报告，语言服务市场呈现了全球化的特征。根据相关研究，欧洲市场需求在持续增长，北美市场有所下滑，以中国为主的亚洲市场开始占据重要地位。2012 年外包语言服务市场的产值达到 335.23 亿美元，语言服务市场的年增长率为 12.17%。

2016～2018年，全球语言服务的整体规模仍在继续扩大。外包语言服务和技术市场的总体营业收入在2016年、2017年分别为402.7亿美元和430.8亿美元，2016～2018年的增长率分别为5.53%、7.99%，但2019～2020年，全球语言服务出现了短暂的萎缩，此后，全球语言服务出现了恢复性增长，预计到2026年达到655.4亿美元的水平。

国际上，各地区市场的占比与经济发达程度有关。欧洲、北美经济发达，语言服务需求更高，欧洲市场占比最高，份额接近整体市场的一半。根据常识咨询公司发布的《2018语言服务市场》行业调研报告，亚太地区保持不变，北美份额下降1.35%，非洲略有增长，拉丁美洲占全球收入比例有所下降。

2022～2032年这10年间，北美和欧洲仍然是全球语言服务市场的主力军。全球语言服务市场年均复合增长率将达到5.94%，高于2017～2022年的4.80%的年均复合增长率。

**2. 语言服务全球市场需求变化趋势**

随着技术的不断发展，语言服务市场需求和业务形态不断变化，市场需求呈现了新的发展趋势。

语言服务行业已从单一的外语翻译服务发展为多元、规模广阔的职业服务市场。其市场规模持续扩大，随着商业环境的全球化，外贸格局的变化和国际贸易活动持续增加，语言服务市场受益更加广泛和多样化。

作为改善企业运营效率和确保企业全球营销战略的重要工具，语言服务为企业在全球范围内的业务提供了灵活的解决方案。它不仅能翻译各种文件，还可以支持企业和个人实现业务和投资计划过程中的流利沟通。

随着人口的迅速增长，以及企业和政府对内容要求的提高，语言服务市场的需求量不断增长。新的语言服务公司正在不断涌现，并开发出更高效的语言服务解决方案，这将使语言服务市场进一步发展。

语言服务需求随着全球化更加广泛，中国推动的"一带一路"倡议，带动中国与沿线六十多个国家的语言交流。小语种需求增多，语言服务企业更需要掌握多种语言的人才。

**3. 人机结合：未来发展趋势**

语言服务行业将继续使用最先进的技术和工具，以使服务更快、更便捷。近年来，人工智能、云计算等领域的发展使得服务质量和效率得到全面提升。同时，还会有更多的自动化技术出现，大大提高了服务的效率，减少了人力成本，使得服务可以更实惠地提供给用户。

基于深度神经网络的翻译技术，将改变翻译行业的模式，几乎可以做到实时翻译，在 定程度上节约了翻译过程中的时间成本。并且，随着机器学习和深度学习技术的不断发展，机器翻译的精度也在不断提高。

云翻译技术发展迅速，各种翻译平台涌现。云翻译模式正在语言服务领域大显身手。在翻译生态环境中，较为突出的是"CAT+TMS+CMS 模式"。云翻译技术将私有云、云计算接口、云共享资源平台和云语言服务产业链整合，能大幅度提升翻译生产效率。语音识别系统在口译工作中起到更多辅助作用。

机器翻译和人工智能技术的应用已经在翻译行业中得到了广泛应用。不过，它们还是存在一些缺陷，比如对于语言的语境和文化背景的理解等。因此，未来的翻译行业趋势是人工智能技术与人的融合，即人工智能技术和人工翻译人员相结合，共同完成翻译任务。

未来的翻译人员需要具备更高的技术水平和更广泛的知识储备，同时还需要具备较强的文化背景和语境理解能力，以便更好地适应人工智能技术与人的融合。随着机器翻译和人工智能技术的发展，翻译人员的岗位也将发生转变。

翻译技术与机器辅助工具结合向可视化翻译方向发展，从翻译流程到项目管理，未来将有更多可视化、本地化技术融入翻译流程中，发展前景广阔。

# 三、智能化翻译新时代的困惑与思考

### 1. 语言翻译的困境

当今社会，技术日新月异，人工智能、区块链、5G 新技术应用等层出不穷，信息以前所未有的速度和形态裂变增长，使人类发展正式迈入数字化生存时代。

随着跨语言交流的普遍化，人类经常翻译的语言方向将更多。复杂的世界变局和新技术迭代，给传统的翻译服务模式、处理速度带来前所未有的挑战与机遇，倒逼行业变革。

有观点认为，语言服务正在进入"新翻译时代"，传统语言服务或在消亡。

由于很多客户取消或延缓订单、支付能力下降等负面影响，一些翻译公司已经处在生存边缘。AI 给翻译公司带来了危机感，翻译行业的作业方式又过于传统，技术应用不足，商业模式离互联网太远，用户体验不好。传统的"专家看稿—拆稿—找译员—回稿—合稿—审校—质检"翻译流程，早已无法满足信息裂变带来的效率需求。当前流行的机器翻译虽然提升很多效率，仍然不是突破跨语言交流的救星。

来自天眼查、企查查数据显示，2021 年上半年新注册翻译公司多达 1608 家。从 2011～2020 年的 10 年间，翻译公司注册量增长 10 倍。主营业务涵盖翻译的公司，在这 10 年中增长 47 倍。在经济全球化之下，各行业对多语种信息处理需求量递增攀高；这对延续了 1600 年的翻译行业也带来了挑战。

随着人工智能技术的发展，语言服务严重依赖人工智能翻译的数据质量，将使人类面临语言危机。此外，机器翻译的出现给语言教育、人才培养带来挑战：学员越来越少，必将导致语言数据质量越来越差。市场低迷，失业率走高。

**2. 智能化翻译的迷思**

进入 21 世纪，自然语言处理、模式识别、机器学习、视觉感知等新技术迅猛增长，已渗透到经济社会的各个领域。人工智能技术的快速发展极大推动了翻译行业的前进，翻译记忆、术语管理、神经网络机器翻译等一大批新技术在翻译实践中广泛运用，翻译生产模式产生了划时代的变革。传统的纯人工翻译模式已无法满足日益增长的行业和市场需求，而以技术驱动为核心的翻译模式逐渐成为行业的普遍模式，并在实践中得到广泛应用。

（1）翻译智能化程度越来越高。随着人工智能技术的发展，智能化翻译成为了一种新的可能性。智能化翻译是指利用人工智能技术，特别是自然语言处理和机器学习算法，使计算机能够自动进行翻译工作。通过对源语言文本的理解与处理，然后生成与之对应的目标语文本。智能化翻译旨在提高翻译效率、准确性和流畅度，使跨语言交流更加便捷和无障碍。以 ChatGPT 为代表的强大的自然语言处理模型，在智能化翻译中发挥重要作用。译后编辑模式下，译者调用的机器翻译引擎技术复杂得多，需要强大的人工智能和深度学习技术作为依托。随着翻译模式的不断发展，翻译的自动化、智能化程度越来越高，技术对翻译效率和质量的贡献作用也越来越大。

（2）人机互动翻译模式越来越重要。在计算机辅助翻译模式下，尽管各种工具和软件在翻译过程中发挥了重要的作用，但大部分翻译工作仍然由译员完成，译员是翻译活动的主导。交互式机器翻译有意识地提高了人在译后修改过程中的参与度，但是译者主体性仍然无法得到充分的彰显。交互式机器翻译模式下，译员可以得到机器翻译系统的即时反馈并进行动态调整，修改调整又会被存储到翻译记忆中用于后文的翻译，这种人机互动会持续到翻译任务完成，被认为是"当前和未来职业翻译的主流翻译模式"。

（3）智能化翻译仍面临一些挑战。一方面是语言多样性和复杂性。不同语言之间存在着复杂的语法结构和表达方式，以及文化差异和习惯用语。智能化翻译需要能够准确理解和转换这些差异，以提供高质量的翻译结果。在技术层面则存在大部分语言数据稀疏、神经网络可解释性差、融合语言知识难度大、缺乏客观评价标准等问题。大部分语言数据稀疏，除中英外，其他语种的语料十分稀缺，比如东南亚语种。另一方面，神经网络可解释性还不够高。机器翻译在当前融合语言知识的"性价比"还不高，计算机语言没有绝对的量化指标衡量译文的好坏，不可能做到计算机完全取代人工翻译。

在一些特定领域，如医学、法律和科技，存在大量的专业术语和特定语言规范。智能化翻译需要具备领域知识和专业术语识别能力，以提供准确和专业的翻译服务。

智能化翻译新时代，不可否认的是，语言服务市场庞大，不断出现新需求。以 ChatGPT 为代表的智能化翻译技术也不断发展。怎样实现人和翻译技术的结合，是语言服务未来发展需要思考的内容。

# 四、信息时代的语言服务人才

按照国内外学者们的研究，译者的能力包含译者的语言能力和翻译技术能力。Janet Fraser（2000）认为职业译者的翻译能力包括 6 个技能领域：优异的语言技能、语篇技能、跨文化技能、非语言技能、态度技能、翻译理论的运用。其中，非语言技能涉及术语、信息技术、项目管理等方面的技能。Greoffrey Samuelsson-Brown（2003）也将翻译技能归纳为 6 个方面：文化理解、交际能力、语言能力、策略选择、信息技术、项目管理。西班牙翻译能力研究小组 PACTE（2003）的修订模型包括 6 种要素：双语子能力、语言外子能力、工具子能力、策略子能力、翻译相关知识、心理生理因素。其中，工具子能力指译者运用各种文献资源、信息技术，以及程序性知识解决翻译问题的能力。还有学者更加明确地说明了工具能力所涉及的具体内容，如术语库、平行文本、搜索引擎、术语管理系统、翻译管理系统、机器翻译系统等。

信息技术突飞猛进的发展使世界进入了一个全新的信息时代。信息时代的译者不仅要有传统的翻译能力，还要有熟练的翻译技术能力。根据不断思考和总结，业界人士对于译者的技术能力有了一些新的认识。

### 1. 计算机基本技能

计算机技术的基本应用能力已成为现代翻译专业人员的必要素质。在现代翻译项目中，首先要求的是较强的文本处理能力，文本识别、文本转换能力，可翻译资源提取、术语提取、语料库处理等。在翻译过程中，了解和把握 CAT 工具中标记的意义，掌握常见的网页代码，甚至学会使用 Python 等语言批处理文档。在翻译后，对文档进行编译、排版和测试。计算机相关知识和技能决定了翻译任务的进度和质量。

### 2. 信息检索能力

在信息时代，人类的知识正在以几何级数增长，新的翻译领域和专业术语层出不穷。不管大脑有多聪明，都很难储存大量的专业知识。因此，译者必须具备良好的信息检索、辨析、整合和重建能力，这也是信息时代人们应该具备的基本能力。当代译者要熟悉不同类型的数据库和运作模型，掌握主流搜索引擎和语料库的特点、诱导词的选择、检索语法的使用等。从而提高检索速度和检索结果的质量。

### 3. 计算机辅助翻译工具的应用能力

不同于传统的翻译，工作通常任务量不大，形式比较单一，时效要求也不是很强。在信息化时代，运用计算机辅助翻译工具（CAT）进行翻译，翻译工作不仅数量巨大、形式各异，且突发任务多，时效性强，内容偏重商业实践，必须使用现代化的 CAT 工具才能很好地完成翻译任务。各类专业翻译公司都重视译者的 CAT 工具的使用能力，强调译者能熟练使用 CAT 或本地化工具。

### 4. 术语管理能力

译者术语能力，即译者能够从事术语工作、利用术语学理论与术语工具解决翻译工作中术语问题所需的知识与技能，具有复合性、实践性强的特点，贯穿于整个翻译流程中，是翻译工作者不可或缺的一项职业能力。术语管理是译者术语能力的核心内容，已成为语言服务中必不可少的环节，术语管理工具指用于管理术语数据的软件程序，借助专业的术语管理工具可以进行有效的术语管理。译员可以通过术语管理系统（TMS）管理和维护翻译数据库，提升协作翻译的质量和翻译速度，促进术语信息和知识的共享，传承翻译项目资产等。术语管理需具备系统化收集、描述、处理、记录、存贮、呈现与查询等术语管理方面的能力。术语转换、术语标注、术语提取是术语管理中的主要技术，这些技术涉及的工具需要译者熟练掌握。术语管理工具通常可以将术语数据导入或导出，这是翻译人员术语能力的核心内容，已成为语言服务中不可缺少的一部分。

### 5. 译后编辑能力

机器翻译在信息化时代的语言服务行业中具有强大的应用潜力，与翻译记忆软件呈现出融合的发展态势，几乎所有主流的 CAT 工具都可加载 MT 引擎。智能化的机译系统可帮助译者从繁重的文字转换过程中解放出来，工作模式转为译后编辑。译后编辑能力主要是编辑能力和翻译能力的综合能力，具体包括源语与目的语运用能力、主题知识、认知能力、工具(软件)运用能力与跨文化交际能力等。译后编辑将成为译员必备的职业能力之一。当代译员需要掌握译后编辑的基本规则、策略、方法、流程、工具等。

智能化时代的翻译呈现出智能化翻译的特征，机器翻译成为了趋势。人机结合将成为未来的趋势。但是，目前翻译人才培养主要还是传统模式，并未充分认识到翻译技术能力在现代翻译工作中的重要作用。尽管部分翻译院校已开始规划翻译技术类课程，但翻译技术师资相对欠缺，翻译技术相关硬件和软件经费投入不足，制约了适应新时代翻译人才的培养。随着新时代国内外语言服务行业需求和行业发展变化，翻译人才的培养要迎头赶上。只有跟上时代发展对语言服务行业的要求，翻译行业才有希望。

# 第二章　翻译搜索

翻译搜索对应的是面向翻译问题时为解决问题而执行搜索动作的内在驱动力，对搜索者也提出了更高的要求，不仅包含单语信息搜索，还包括双语信息搜索、多语信息搜索；不仅涉及国内搜索引擎工具的应用，还涉及国外搜索引擎和专业语料库等工具的应用；不仅仅是获取信息，还需要在获得信息后结合翻译问题综合分析。

## 一、搜索意识与翻译

### （一）信息意识

二十一世纪是信息时代。信息时代（Information Age），也被称为计算机时代、数字时代、新媒体时代，是人类历史上一个以由工业革命带来的传统工业向基于信息计算机化的经济转变为特征的时期。信息意识是人们利用信息系统获取所需信息的内在动因，具体表现为对信息的敏感性、选择能力和消化吸收能力。有无信息意识决定着人们捕捉、判断和利用信息的自觉程度。而信息意识对挖掘有价值的信息、提高文献获取能力起着关键的作用。

信息意识包括三个层面：信息认知、信息情感和信息行为倾向。

### （二）搜索意识

首先要有良好的搜索意识。那究竟什么是良好的搜索意识呢？一句话概括，就是要有搜索可以解决我们绝大部分问题的潜意识。

在万物互联的时代，万物皆有路径且可达。只要你清楚地知道自己想要什么，你总是有路径能够找到。

### （三）搜索技术基础

搜索引擎是指根据一定的策略、运用特定的计算机程序搜集互联网上的信息，在对信息进行组织和处理后，为用户提供检索服务的系统。它主要是用于检索网站、网址、文献信息等内容。随着网络技术的发展，各种搜索引擎层出不穷，目前流行的搜索引擎主要是帮助用户搜索表层信息，如谷歌、百度、雅虎等。

#### 1. 搜索引擎的工作原理

当在百度的搜索框里输入内容，搜索引擎真正在做的工作不是回答，而是匹配。不是和整个互联网的网页内容进行匹配，是和百度的索引进行匹配。

什么是索引？简单来说，就是关键词，它可以方便我们快速定位到所需查找的内容。如同书后的索引，在里面可以清晰地看到每个关键词对应的页码，搜索引擎也是类似的工作原理。搜索引擎在你检索之前，已经做好了准备工作，这个准备工作就是预先建立索引。

现代大规模、高质量搜索引擎一般有爬行、抓取存储、预处理、排序四个步骤。

（1）爬行。搜索引擎通过一种特定规律的爬虫程序跟踪网页链接，从一个链接爬到另一个链接，像蜘蛛在蜘蛛网上爬行一样，所以也称为"蜘蛛"或"机器人"。

（2）抓取存储。搜索引擎蜘蛛跟踪链接，爬行到网页后，将爬行数据存入原始页面数据库。其中页面数据与用户浏览器得到的 HTML 完全一样。搜索引擎蜘蛛在抓取页面时，也做一定的重复内容检测，一旦遇到权重很低的网站上有大量抄袭、采集或复制内容，很可能不再爬行。

（3）预处理与排序。检索器根据用户输入的查询关键字，在索引库中快速检出文档，进行文档与查询的相关度评价，对将要输出的结果进行排序，并将查询结果反馈给用户。搜索引擎负责帮助用户以一定的方式检索索引数据库，获取符合用户需要的信息。搜索引擎还负责提取用户相关信息，利用这些信息来提高检索服务的质量，信息挖掘在个性化服务中起到关键作用。

除了 HTML 文件外，搜索引擎还能抓取和索引以文字为基础的多种类型文件，如 PDF、DOC、WPS、XLS、PPT、TXT 等。目前，图片搜索处理已经有了一定的可行性。

了解了搜索引擎的基本工作原理后，你应该已经发现，想要检索到所需的内容，关键不是你输入搜索框的内容有多详细，而是能不能找到关键词，匹配到索引。

在通常情况下，我们可以从以下几个方面衡量一个搜索引擎的性能：

（1）查全率指搜索引擎提供的检索结果中相关文档数与网络中存在的相关文档数之比，是搜索引擎对网络信息覆盖率的真实反映。

（2）查准率是搜索引擎提供的检索结果与用户信息需求的匹配程度，也是检索结果中有效文档数与搜索引擎提供的全部文档数之比。

### 2. 基本检索技术

计算机检索是指人们在计算机或计算机检索网络的终端机上，使用特定的检索指令、检索词和检索策略，从计算机检索系统的数据库中检索出需要的信息，继而再由终端设备显示或打印的过程。

在计算机信息检索系统中，常用的检索技术主要有六种：布尔逻辑检索、截词检索、位置检索、字段限定检索、加权检索、聚类检索。本教材仅对其中几种检索技术加以介绍。

（1）布尔逻辑检索。布尔逻辑检索指利用布尔逻辑运算符连接各检索词，然后由计算机进行相应逻辑运算，找出所需信息的方法。

逻辑运算符的作用是把检索词连接起来，构成一个逻辑检索式。利用布尔逻辑运算符进行检索词或代码的逻辑组配是现代信息检索系统的常用技术。

常用的布尔逻辑运算符有三种：逻辑"与"、逻辑"或"、逻辑"非"。

① 逻辑"与"检索。用"AND"或"*"表示。可用来表示其所连接的两个检索项的交叉部分，即交集部分（表2-1）。

表2-1　逻辑"与"检索

| 运算符 | AND 或 * |
|---|---|
| 检索式 | A AND B 或 A*B |
| 含义 | 让系统检索同时包含检索词 A 和检索词 B 的信息集合 C |
| 用途 | 常用于连接不同概念的检索词，以表达复杂主题 |

例如，在搜索框中输入"旅游""五一节"，中间用 AND 连接搜索引擎就会检索出所有既含有"旅游"又含有"五一节"的网页，如图2-1所示。

**Bai<sup>du</sup>百度** ｜ 旅游AND五一节 ✕ 📷 ｜ **百度一下**

🔍网页 🖼图片 📰资讯 ▶视频 贴贴吧 ？知道 📄文库 📍地图 🛒采购 更多

百度为您找到相关结果约2,090,000个 ▽搜索工具

**五一假期最适合游玩的旅游景点攻略,一定有你喜欢的,一起来...**

 2023年4月28日 02桂林 一直以来就有桂林山水甲天下之说,漓江风光是桂林山水的精华,也是桂林山水的灵魂所在,有"山青、水秀、洞奇、石美"之誉,五一假期是最美的季节,值得一去。03呼伦贝尔大...
👤 小赵生活事 ⊘

**「五一出行攻略丨十大旅游胜地,带你畅游中国美食,美景,文化!**

 2023年4月28日 黄山是中国最著名的山水胜地之一,拥有壮丽的山峦、奇特的石峰、云海、温泉等自然奇观。在这里,你可以欣赏到"黄山三绝"——云海、奇松、温泉,还能品尝到当地的特色美食——黄山...
👤 数界新知 ⊘

**五一东北旅游?????看这篇攻略就都知道了**

 五一东北旅游上个月和朋友去长白山玩了6天,当时没跟团,直接选的长白山当地自由行。除了交通外,长白山当地旅游花了1000多,长白山真美啊,玩了......吃了......去了......

热门推荐: 哈尔滨雪乡怎么玩 哈尔滨雪乡多少钱 哈尔滨雪乡何时去 ▷

去黑龙江旅游必读 哈尔滨旅游攻略 雪乡旅游攻略 冰雪大世界攻略
696.9W关注 881.5W关注 255.6W关注 581.5W关注

查看更多相关信息>>

**图 2-1 逻辑"与"检索实例**

② 逻辑"或"检索。用"OR"或"+"表示。用于连接表示并列关系的检索词（表 2-2）。

**表 2-2 逻辑"或"检索**

| 运算符 | OR 或 + |
| --- | --- |
| 检索式 | A OR B 或 A+B |
| 含义 | 让系统查找含有检索词 A、B 之一，或同时包括检索词 A 和检索词 B 的信息 |
| 用途 | 常用于连接同一概念的不同表达式或相关词，以防漏检 |

例如，检索"信息素养""信息素质"，百度引擎就会搜索出含有"信息素养"或"信息素质"，以及既包含"信息素养"又包含"信息素质"的网页。如图 2-2所示。百度搜索引擎使用的符号还可以是"|"，这一点与谷歌搜索引擎有点不同。

图 2-2　逻辑"或"检索案例

③ 逻辑"非"检索。用"NOT"或"–"表示。用于连接排除关系的检索词，即排除不需要的和影响检索结果的概念（表 2-3）。

表 2-3　逻辑"非"检索

| 运算符 | NOT 或 – |
| --- | --- |
| 检索式 | A NOT B 或 A–B |
| 含义 | 检索含有检索词 A 而不含检索词 B 的信息 |
| 用途 | 常用于排除某些概念，以达到精确检索的目的 |

例如，检索"隐喻"但不包含"翻译"。搜索引擎就会检索含有检索词"隐喻"而不含检索词"翻译"的信息，就是会将包含检索词"翻译"的信息集合排除掉。如图 2-3 所示，该操作在 Microsoft Bing 上可行，百度搜索引擎不可行。

**图 2-3　逻辑"非"检索案例**

（2）位置算符检索。位置算符检索也叫邻近检索。文献记录中词语的相对次序或位置不同，所表达的意思可能不同，而同样一个检索表达式中词语的相对次序不同，其表达的检索意图也不一样。位置算符检索是用一些特定的算符（位置算符）来表达检索词之间的临近关系，并且可以不依赖主题词表而直接使用自由词进行检索的技术方法。大家都知道，布尔逻辑运算符有时难以表达某些检索课题确切的提问要求。同样，我们常见的字段限制检索虽能使检索结果在一定程度上进一步满足提问要求，但无法对检索词之间的相对位置进行限制。

常见的位置算符主要有：W 算符、N 算符、S 算符。

① W 算符："W"的意思是"with"。这个算符表示其两侧的检索词必须紧密相连，除空格和标点符号外，不得插入其他词或字母，两词的词序不可以颠倒。W 算符还可以使用其简略形式"（ ）"。例如，检索式为"moblie（W）phone"时，系统只检索含有"mobile phone"词组的记录，见图 2-4。W 算符常写作 A( nW )B，表示 A 词与 B 词之间最多可以插入多个其他的词，同时，A、B 保持前后顺序不变。

**图 2-4 位置算符（W）检索案例**

② N 算符："N"的意思是"near"。这个算符表示其两侧的检索词必须紧密相连，除空格和标点符号外，不得插入其他词或字母，两词的词序可以颠倒。

③ S 算符："S"是"subfield"的缩写，表示在此运算符两侧的检索词只要出现在记录的同一个子字段内（在文摘中的一个句子就是一个子字段），此信息即被命中。要求被连接的检索词必须同时出现，不限制它们在此子字段中的相对次序，中间插入词的数量也不限。例如，"high（W）speed（S）train"表示只要在同一句子中检索出含有"high speed 和 train"形式的均为命中记录。如图 2-5 所示。

**图 2-5 位置算符（W）和（S）检索案例**

位置算符检索在百度搜索引擎、Bing 搜索引擎及其他英文搜索引擎中十分有用，是一种比较实用的全文信息搜索方法。

（3）字段检索。字段检索是指计算机检索时，限定检索词在数据库内查找区域的检索技巧，我们可以根据标题、作者、摘要、关键词、作者单位、文献来源、专利号等字段检索所需内容。

不同的文献，检索字段是不一样的。

检索是从已储存的信息库中索取、找出所需要的信息的过程。字段检索是计算机检索时，限定检索词在数据库内查找区域的检索技巧。在数据库中通过对字段的限制检索，可以控制检索结果的相关性，提高检索效能。

字段检索在一些学术检索平台中经常使用，如中国知网及一些英文学术平台，如图 2-6 所示。

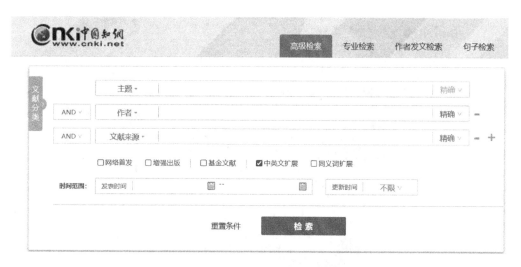

图 2-6　中国知网高级检索页面

常见字段对于网络搜索来说，有重要的实用价值，因为这些字段在网络文献中十分常见。

常见的检索字段有很多种，包括摘要、关键词、著者、著者单位、语种、文献来源、专利国、出版类型、出版年、主题词、出版者等。常见中英文字段如表2-4 所示。

表 2-4　常见中英文检索字段

| 字段中文 | 字段英文 | 检索结果 | 字段中文 | 字段英文 | 检索结果 |
|---|---|---|---|---|---|
| 题名 | Title | 书名或论文标题 | 作者 | Author | 作者呈现结果 |
| 摘要 | Abstract | 论文摘要 | 作者机构 | Affiliation | 作者机构呈现结果 |
| 关键词 | Keyword | 关键词 | 标准刊号 | ISSN | 某期刊内文献 |
| 主题 | Subject | 相关主题的文献 | 标准书号 | ISBN | 某图书 |

例如，检索题目以"中国式现代化"为标题的文章。在搜索引擎框中输入 title="中国式现代化"，如图 2-7 所示。

**图 2-7　以题名为检索字段进行检索**

### 3. 精确检索技术

面对海量的、冗余的网络信息，如何快速、准确地找到所需信息，我们需要精确检索。以 Google 为代表的搜索引擎采用了一些限定性搜索手段来达到精确搜索。

（1）关键词上加双引号。对于一些多次组合词，将检索词用引号标示出来。这样就可以精确检索所需信息。如在搜索框中输入"heart attack"，我们将得到精确的检索信息。注意引号是英文输入法的引号。

（2）使用"与 / 或"。谷歌等搜索引擎默认并列字词间是"与"的关系。因此要搜索多个词中任意的一个，就要在多个词之间使用 OR。如翻译"particle board"时，既有"刨花板"又有"碎料板"的译法，不知如何取舍。在百度搜索引擎搜索框输入"刨花板 OR 碎料板"，就能明显看到"刨花板"的译法比"碎料板"要多，如此可初步筛选前者，如图 2-8 所示。

（3）巧用谷歌的常用简易运算符。谷歌搜索引擎有一些简易的运算符，检索时使用能够起到事半功倍的效果，相关搜索在百度及 Bing 等搜索引擎中也可以使用，如果运用得当，也能达到精确搜索的目的。常用的简易运算符：

① intitle: 寻找页面标题包含搜索关键字的网页。

② intext: 在页面的文本中查找提交的关键字。

③ inurl: 检索词位于网页的地址中。

④ filetype: 指定搜索的文件类型。

⑤ site: 指定搜索某网站。

图 2-8　运用"或"精确检索的例子

例如，在搜索框中输入"inurl: 生态文明"，结果如图 2-9 所示。

图 2-9　运用简易检索案例 1

我们看到搜索的结果为 700 个，说明搜索的网址中含有关键词"生态文明"的个数有 700 个。如果运用检索符 intitle 或者 intext，我们看看结果会有什么不同。

检索结果分别见图 2-10、图 2-11。

**图 2-10　运用简易检索案例 2**

上图中我们看到页面标题中含有"生态文明"关键词的网页量就很大了。用 intext 检索，会发现页面文档中含有关键词的搜索结果就少了。

**图 2-11　运用简易检索案例 3**

网络上文献类型也是多种多样，如 PDF、DOC、WPS、XLS、PPT、TXT 等。运用 filetype 检索，我们就能直接找到相应的电子文本，对于一些关键的资料查找作用就很大了。

我们都知道，网络上 PDF 类文档是最普遍的。以 2023 年的热词"中国式现代化"的检索为例，结果如图 2-12 所示。点击一个网页就能直接下载里面的文档了。其他类型的文档的检索也是同理。

**图 2-12　运用简易检索案例 4**

用 site 检索表示在指定服务器上搜索或搜索指定域名。搜索结果限定在某个具体网站或网站频道。使用 site 检索时要注意限定网站类型，如学术资料在".edu"和".org"域名后缀中会更准确，和政府相关的资料在".gov"域名后缀中也许更恰当。

site 检索还能搜索某种语言或某个关键词在指定国家的网站。例如：查英国英语就输入"site:uk"，查美国英语就输入"site:us"，查加拿大英语就输入"site:ca"。

例如，查找 2021 年世界各国 GDP 的情况，来源是政府网站，就可以这样检索：GDP 2021 site:gov。结果如图 2-13 所示。

**图 2-13　运用简易检索案例 5**

　　域名可以多重组合，检索出来的结果会各不相同，对于精确查找来说，不失为一种好的方法。

　　常见国家和地区的域名，如表 2-5 所示。

**表 2-5　常见国家和地区的域名**

| 国家或地区 | 域名 | 国家或地区 | 域名 |
| --- | --- | --- | --- |
| 中国 | .cn | 中国香港 | .hk |
| 日本 | .jp | 新加坡 | .sg |
| 美国 | .us | 英国 | .uk |
| 加拿大 | .ca | 澳大利亚 | .au |

## （四）基于搜索技术的翻译

### 1. 案例一：术语翻译

　　专业类的翻译中，术语如果没有翻译准确，会大大影响翻译的效果和质量。下面以《中华人民共和国民法典》第一百七十条的翻译为例，加以探讨。

原文：

执行法人或者非法人组织工作任务的人员，就其职权范围内的事项，以法人或者非法人组织的名义实施的民事法律行为，对法人或者非组织发生效力。

法人或者非法人组织对执行其工作任务的人员职权范围的限制，不得对抗善意相对人。

译文主要有以下两种：

译文一（来自网易翻译）：

Civil juristic acts performed in the name of a legal person or organization without legal personality in respect of matters within the scope of their functions and powers by a person performing the tasks of a legal person or organization without legal personality shall be effective against the legal person or organization without legal personality.

Restrictions imposed by a legal person or an unincorporated organization on the scope of functions and powers of the personnel performing their work tasks may not be used against a bona fide counterpart.

译文二（来自 DeepL 翻译）：

A civil legal act performed in the name of a legal person or an unincorporated organization by a person performing the tasks of the legal person or unincorporated organization in respect of matters within the scope of his or her competence shall be effective against the legal person or unincorporated organization.

Restrictions imposed by a legal person or an unincorporated organization on the terms of reference of a person performing his or her tasks may not be invoked against a bona fide counterparty.

在这个案例中，"非法人组织"的准确翻译是什么？

传统的方法是查阅纸本或者电子词典，就能解决一般术语词汇的翻译并确证。但本案例中，"非法人组织"是不常见的专业术语，两个译本中翻译不同。

此时，应该通过网络搜索非法人组织的概念内含（图 2-14）。

图 2-14 "非法人组织"的网络检索

通过上述检索，我们确定了"非法人组织"的基本含义以及所存在的领域，"非法人组织"往往是介于"自然人"和"法人"之间的一个概念。再次输入"非法人组织"和两个译本中的翻译"organization without legal personality"及"unincorporated organization"。发现"unincorporated organization"是比较合理的翻译。搜索结果见图 2-15。

图 2-15 "非法人组织"术语翻译检索对比 1

　　对现有的英文术语进行进一步检索，发现"unincorporated organization"的译法更地道。

　　运用"site：us"和"site：uk"检索进一步检索，比较两种英文译法的流行情况。得到如下检索结果，如图 2-16 所示。

图 2-16　"非法人组织"术语翻译检索对比 2

　　通过对比发现，"unincorporated organization"在英国和美国是通用的表达。"organization without legal personality"在英、美的相关网站中没有这样的表达。

　　2. 案例二：特殊词语的翻译

　　中文证明文书中往往会有"特此证明"的表达。我们要找"特此证明"的英文表达方式。一般"特此证明"的英文翻译，通常会有一些判断性动词，如"certify"，对应的英文就是"certify that"，因此，如果把"特此证明"和"certify"放在一起搜索，可能就能找到想要的结果。输入检索式：特此证明 certify。结果如图 2-17 所示。译文为"This is to certify that ..."。

**图 2-17　"特此证明"翻译检索**

通过"site：uk"和"site：us"进一步检索，"This is to certify that..."的译法符合英美社会的表达习惯，是比较合理的译法，如图 2-18 所示。

**图 2-18　"特此证明"翻译检索对比**

## 二、语料库检索与翻译

### （一）语料库基础知识

语料库（Corpus，复数为 Corpora）一词来源拉丁语，是一个按照一定的采样标准采集而来的，能够代表一种语言或者某语言的一种变体或文类的电子文本集。

常见的语料库类型主要如表 2-6 所示。

表 2-6　常见语料库类型

| 分类标准 | 语料库类型 |
|---|---|
| 用途 | 通用语料库（general corpus） |
| | 专用语料库（specialized corpus） |
| 时效 | 共时语料库（synchronic corpus） |
| | 历时语料库（diachronic corpus） |
| 表达形式 | 口语语料库（spoken corpus） |
| | 文本语料库（text corpus） |
| 语料来源 | 本族语者语料库（native speakers' corpus） |
| | 学习者语料库（learner corpus） |
| 语种 | 单语语料库（monolingual corpus） |
| | 平行 / 双语语料库（parallel / bilingual corpus） |
| | 多语语料库（multilingual corpus） |
| 标注 | 生语料库 (raw corpus) |
| | 标注语料库 (annotated corpus) |

这些语料库不仅能帮助我们研究语言的各种现象，还能辅助翻译。在机器翻译领域，运用大批量的语料进行训练还可以帮助提升机器翻译的效果。

### （二）语料库的功能

通过大量的语料我们可以发现语言习惯性的搭配，从而帮助我们更好地掌握语言。具体来说，在翻译的过程中可以用到语料库。译者不仅能够利用语料库确定词的译法，在译后也能用语料库进行检查核实。

我们以美国当代英语语料库（COCA）为例，译者可以利用该语料库进行如下操作。

### 1. 查词频

比如我们想要知道"audacity"的用法在多大程度上被使用，可以在搜索框中直接输入进行查询，如图2-19、图2-20所示。

图 2-19  audacity 在语料库中出现的频率

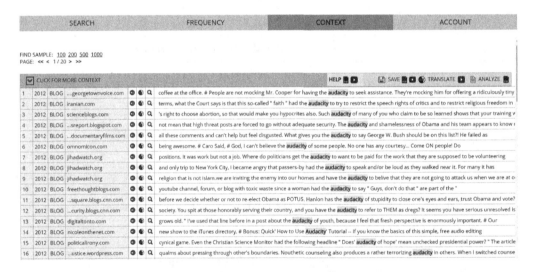

图 2-20  audacity 在语料库中出现的例句

### 2. 查搭配

在翻译的过程中，我们可能拿不准某些用法，可以在语料库中查询相应的搭配用法，并选择最合适的。

比如，我想知道"heritage"前后用什么搭配合适，可以在搜索框中输入"heritage"，选择"collocates"进行搜索即可，在搜索结果中再根据词频用法选择需要的结果，如图 2-21 所示。

| SEARCH | WORD | CONTEXT | ACCOUNT |
| --- | --- | --- | --- |

COLLOCATES HERITAGE NOUN　Advanced options　Collocates Clusters Topics KWIC

| + NOUN | | NEW WORD | ? | + ADJ | | NEW WORD | ? | + VERB | | NEW WORD | ? | + ADV | | NEW WORD | ? |
| --- | --- | --- | --- | --- | --- | --- | --- | --- | --- | --- | --- | --- | --- | --- | --- |
| 1434 | 7.09 | foundation | | 1652 | 7.07 | cultural | | 195 | 5.28 | preserve | | 12 | 3.50 | proudly | |
| 777 | 2.75 | world | | 410 | 3.01 | national | | 147 | 4.35 | celebrate | | 7 | 3.21 | uniquely | |
| 595 | 4.29 | site | | 304 | 4.42 | rich | | 119 | 2.16 | share | | 6 | 3.21 | fiercely | |
| 443 | 2.44 | part | | 235 | 4.81 | proud | | 86 | 2.75 | reflect | | 6 | 3.23 | kindly | |
| 393 | 4.18 | culture | | 223 | 3.44 | common | | 84 | 2.07 | protect | | 4 | 2.01 | ie | |
| 308 | 4.73 | museum | | 215 | 5.37 | ethnic | | 62 | 2.11 | maintain | | 4 | 2.21 | systematically | |
| 282 | 2.77 | history | | 202 | 3.37 | natural | | 62 | 3.59 | embrace | | 4 | 4.94 | distinctively | |
| 271 | 2.68 | center | | 184 | 4.46 | native | | 58 | 3.63 | honor | | 3 | 2.08 | vigorously | |
| 208 | 3.28 | language | | 177 | 3.57 | religious | | 55 | 4.05 | trace | | 3 | 2.53 | conveniently | |
| 162 | 2.36 | nation | | 169 | 4.45 | conservative | | 54 | 5.98 | reclaim | | 3 | 2.76 | eg | |
| 148 | 4.87 | festival | | 113 | 3.42 | western | | 43 | 2.07 | deny | | 3 | 5.21 | jealously | |
| 135 | 2.66 | park | | 106 | 5.69 | mixed | | 40 | 2.17 | explore | | 2 | 2.00 | knowingly | |
| 113 | 3.60 | tradition | | 92 | 4.38 | genetic | | 36 | 2.26 | declare | | 2 | 2.01 | comparatively | |
| 109 | 6.44 | breed | | 91 | 4.14 | musical | | 30 | 2.21 | reject | | 2 | 2.23 | forcefully | |
| 106 | 6.45 | dictionary | | 89 | 3.07 | southern | | 26 | 2.67 | retain | | 2 | 2.31 | disproportionately | |
| 102 | 2.14 | list | | 87 | 4.11 | racial | | 24 | 3.25 | sponsor | | 2 | 2.38 | uniformly | |

图 2-21　heritage 的搭配词

### 3. 比较同义词用法

通过检索我们可以看到我们想知道的同义词意义有什么不同，具体怎样使用呢？

比如我们想知道"tint"与"pigment"有什么不同，我们先选择"compare"按钮，然后输入"tint"与"pigment"这两个词，点击"compare words"按钮，这两个词之间怎样用，有什么差别就清晰可见了。

具体如图 2-22、图 2-23 所示。

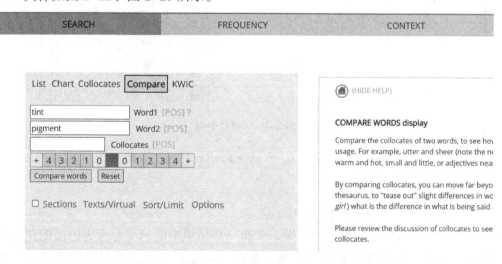

图 2-22　tint 和 pigment 比较查询界面

| | SEARCH | | | FREQUENCY | | | CONTEXT | | | OVERVIEW |

SEE CONTEXT: CLICK ON NUMBERS (WORD 1 OR 2) [HELP]
SORTED BY RATIO: CHANGE TO FREQUENCY

WORD 1 (W1): **TINT** (0.40)

| | WORD | W1 | W2 | W1/W2 | SCORE |
|---|---|---|---|---|---|
| 1 | HINTS | 4 | 0 | 8.0 | 19.8 |
| 2 | MOISTURE | 4 | 0 | 8.0 | 19.8 |
| 3 | NEUTRAL | 4 | 0 | 8.0 | 19.8 |
| 4 | MY | 3 | 0 | 6.0 | 14.9 |
| 5 | PERMANENT | 3 | 0 | 6.0 | 14.9 |
| 6 | SHEER | 3 | 0 | 6.0 | 14.9 |
| 7 | . | 8 | 2 | 4.0 | 9.9 |
| 8 | THERE | 4 | 1 | 4.0 | 9.9 |
| 9 | I | 3 | 1 | 3.0 | 7.4 |
| 10 | PURPLE | 4 | 2 | 2.0 | 5.0 |
| 11 | ANOTHER | 3 | 2 | 1.5 | 3.7 |
| 12 | ON | 8 | 6 | 1.3 | 3.3 |

WORD 2 (W2): **PIGMENT** (2.48)

| | WORD | W2 | W1 | W2/W1 | SCORE |
|---|---|---|---|---|---|
| 1 | CELLS | 16 | 0 | 32.0 | 12.9 |
| 2 | ARE | 14 | 0 | 28.0 | 11.3 |
| 3 | MELANIN | 11 | 0 | 22.0 | 8.9 |
| 4 | THIS | 7 | 0 | 14.0 | 5.7 |
| 5 | NOT | 6 | 0 | 12.0 | 4.8 |
| 6 | NATURAL | 6 | 0 | 12.0 | 4.8 |
| 7 | BLACK | 6 | 0 | 12.0 | 4.8 |
| 8 | PIGMENT | 6 | 0 | 12.0 | 4.8 |
| 9 | SKIN | 11 | 1 | 11.0 | 4.4 |
| 10 | STONE | 5 | 0 | 10.0 | 4.0 |
| 11 | USED | 5 | 0 | 10.0 | 4.0 |
| 12 | BLOOD | 5 | 0 | 10.0 | 4.0 |

图 2-23　tint 和 pigment 用法结果差异

### 4. 查句式

除了单词和短语，语料库也可以查询句式。如我们想要知道"It is ... that"的常见用法，也可以进行搜索，如图 2-24 所示。

| | SEARCH | | | FREQUENCY | | | CONTEXT | | | HISTORY |

ON CLICK: 📋 CONTEXT　🌐 TRANSLATE (ZH)　📋 ENTIRE PAGE　📋 BING　🖼 IMAGE　▶ PRON/VIDEO　📖 BOOK　📋 THESAURUS　(HELP) ▶

| HELP | ℹ | ★ | SEE FULL LIST [?] | FREQ | TOTAL 44,965 | UNIQUE 227 ✦ |
|---|---|---|---|---|---|
| 1 | ℹ | ★ | IT IS CLEAR THAT | 4174 | |
| 2 | ℹ | ★ | IT IS TRUE THAT | 3827 | |
| 3 | ℹ | ★ | IT IS POSSIBLE THAT | 3803 | |
| 4 | ℹ | ★ | IT IS LIKELY THAT | 2333 | |
| 5 | ℹ | ★ | IT IS IMPORTANT THAT | 1993 | |
| 6 | ℹ | ★ | IT IS UNLIKELY THAT | 1353 | |
| 7 | ℹ | ★ | IT IS OBVIOUS THAT | 1038 | |
| 8 | ℹ | ★ | IT IS ESTIMATED THAT | 1026 | |
| 9 | ℹ | ★ | IT IS SAID THAT | 906 | |
| 10 | ℹ | ★ | IT IS NOT THAT | 888 | |
| 11 | ℹ | ★ | IT IS SOMETHING THAT | 878 | |
| 12 | ℹ | ★ | IT IS IMPERATIVE THAT | 866 | |
| 13 | ℹ | ★ | IT IS EVIDENT THAT | 697 | |
| 14 | ℹ | ★ | IT IS N'T THAT | 696 | |
| 15 | ℹ | ★ | IT IS ESSENTIAL THAT | 668 | |
| 16 | ℹ | ★ | IT IS INTERESTING THAT | 651 | |
| 17 | ℹ | ★ | IT IS BELIEVED THAT | 626 | |
| 18 | ℹ | ★ | IT IS . THAT | 590 | |
| 19 | ℹ | ★ | IT IS EXPECTED THAT | 554 | |

图 2-24　句式查询

从中我们可以看到"It is ... that"的各种句型的使用情况，点击其中的一种句型我们会看到更多的实例。

### 5. 具体语境中的关键词用法

要了解检索词前后的搭配情况，找出一些语境中的例子对于词的搭配和意义的确定是有十分重要的意义。比如，查找"cultural heritage"的上下文语境，我们会看到与它搭配的上下文词，如图 2-25 所示。

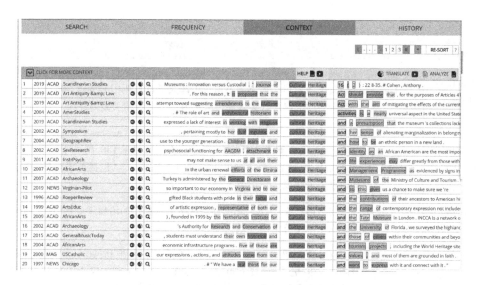

图 2-25 cultural heritage 上下文语境

除了以上提到的使用方式外，语料库作为一种新兴的研究工具，已广泛应用于语言学、文学和翻译学研究之中，借助计算机分析工具，研究者可开展相关的语言理论及应用研究。

### （三）常见的中英文语料库

当下，在线的语料库不少，有单语的，也有双语的，中英文的都有，对外语研究和翻译研究都有作用，能够登录进入的免费语料库也有不少。这些语料库包括常规的单语语料库、双语句库及一些有语料库功能的在线电子词典（表 2-7）。

（1）专业语料库（美国当代英语语料库、英国国家语料库、WebCorp 语料库、BCC 汉语语料库、语料库在线等）。

（2）专门的单词搭配用法查询网站（Just The Word、SKELL、Netspeak 等）。

（3）专门的例句查询网站（句酷）。

（4）电子词典（有道词典）。

表 2-7　常见中英文语料库、例句库及电子词典

| 名称 | 收录词数量 | 内容 |
|---|---|---|
| 美国当代英语语料库 | 10 亿 | 美国当代英语语料库（Corpus of Contemporary American English，COCA）是由美国杨伯翰大学语言学教授 Mark Davies 教授 2008 年创立的。当今世界上最大的在线免费英语平衡语料库，帮助语言学习者了解单词、短语以及句子结构的使用频率等信息。每年 2000 万字的速度更新和扩充 |

| 名称 | 收录词数量 | 内容 |
| --- | --- | --- |
| 英国国家语料库 | 1亿 | 英国国家语料库（British National Corpus，BNC）是由英国牛津出版社、朗文出版公司、大英图书馆、牛津大学计算机中心等机构联合建立的大型语料库。以现代英式英语文本为主，口语和书面语并存 |
| 全球网络英语语料库 | 19亿 | 全球网络英语语料库（The Corpus of Global Web-based English，GloWbE）包含19亿个单词，来自20多个英语国家超过180万个网页。其中既包括英语为母语的核心国家（如英国、美国），也包括英语为母语的其他国家（如印度、新加坡） |
| WebCorp语料库 | | 网络语料库（WebCorp）利用网络语料制作的语料库。优点：使用简单。缺点：学术英语内容很少 |
| BCC汉语语料库 | | BCC汉语语料库，总字数约150亿字，包括：报刊（20亿）、文学（30亿）、微博（30亿）、科技（30亿）、综合（10亿）和古汉语（20亿）等多领域语料，是可以全面反映当今社会语言生活的大规模语料库 |
| 语料库在线 | | 语料库在线是一个非营利性学术网站，提供现代汉语和古代汉语语料库相关资源。可以通过字词索引检索，还支持分词与词性标注、汉语拼音标注、字词频率统计等功能 |
| 联合国正式文件系统 | | 该网站收录了1993年以来联合国印发的所有正式文件。同时，也提供从1946年以来联合国大会、安全理事会、经济及社会理事会和托管理事会通过的所有决议 |
| MyMemory | | MyMemory为记忆库检索平台，语料来源于欧盟、联合国等组织，按领域划分。从该网站下载到的TMX文件可以在CAT工具中使用 |
| Just The Word | | Just The Word是在BNC语料库中的语言数据基础上进行分析和归纳，按照词性和词汇组合顺序将常见的词汇组合罗列出来，方便用户迅速了解该词常用的语法环境 |
| 有道词典 | | 有道词典结合了互联网在线词典和桌面词典的优势，除具备中英、英中、英英翻译、汉语词典功能外，全新加入了日语、法语、韩语查词功能。同时，创新的"网络释义"功能将各类新兴词汇和英文缩写收录其中，依托有道搜索引擎的强大技术支持及独创的"网络萃取"技术，配合以全面的OCR屏幕取词功能及最新有道指点技术，为您提供最佳的翻译体验 |
| Netspeak | | Netspeak是一个提供免费线上单词、词组、语句翻译的工具，其特点是可以在线搜索和比较各种英文词汇、短句、语法、单词解释等内容，并且可以统计出这个用语的变化形态，还可以分析使用频率和情境，堪比谷歌翻译 |

| 名称 | 收录词数量 | 内容 |
|---|---|---|
| Linggle | | 英语搭配工具 Linggle 是一个英语词汇搭配搜索引擎，由台湾"清华大学"NLP 自然语言处理实验室于 2008 年开发的一款语言搜索引擎，是最早利用 AI 相关技术的一款免费的语言学习辅助工具，主要提供阅读写作辅助、语法及拼字错误检查服务 |
| SKELL | | SKELL(Sketch Engine for Language Learning) 是 Sketch Engine 出品的多语种语料库，不仅可以查询例句、搭配信息，还可以查询同义词，共以词云的形式展现出来 |
| 句酷 | | 句酷是一个搜索引擎，有大量的双语例句。通过一个单词，就能搜索出上百条例句，并且还有对词性的变化分析，也会扩展一些搭配词，因为例句都来自辞典，难度不大还真实地道，有很多同学通过该网站练习英语写作 |

### （四）语料库检索与翻译

"中国式现代化"已成为世界瞩目的热词，如何正确翻译它是十分重要的。通过查询有道词典，我们发现有两种英文翻译"Chinese-type modernization"和"Chinese path to modernization"，结果见图 2-26。

图 2-26 "中国式现代化"有道词典查询结果

要确定哪一个是比较地道的翻译，可以在 WebCorp 语料库网站上进行搜索查证。输入两个英文译语"Chinese-type modernization"和"Chinese path to modernization"，发现结果大不相同，如图 2-27 所示。第一种译法查询结果竟然是零，第二种译法共搜索到了 26 个网页 141 语句。例句来源大多为中国的英文网站。说明中国官方确定的翻译是"Chinese path to modernization"。

图 2-27 两种译法在 WebCorp 上查询结果对比

为了印证这种译法的可行性，分别在 COCA 语料库和 Just The Word 英文搭配网站查询其中的关键词"path"的搭配情况。在 COCA 语料中发现了 6 条查询结果（"path"与"modernization"搭配），是相关学术平台上的专业表达，以此也能说明现在的译法是合理的（图 2-28）。

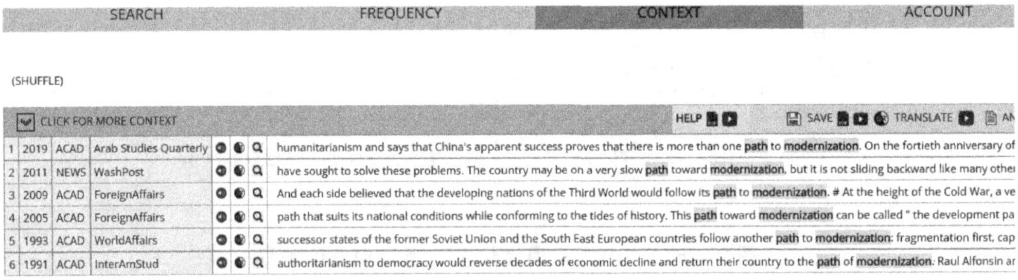

图 2-28 COCA 语料库中 path 与 modernization 搭配查询结果

同样查询"Chinese"与"path"的搭配情况，查询到了 10 条结果，"Chinese path"的表达已被英语世界接受，结果见图 2-29。从例子中我们还发现了"Chinese path of development"（中国式发展道路）这样的表述，从侧面也说明，中国式现代化的译法是合理和地道的。

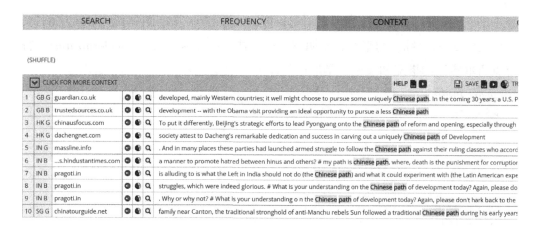

图 2-29　COCA 语料库中 Chinese path 的搭配例句

在 Just The Word 英文搭配网站查询"path"的搭配情况，从搭配的类型和例句中我们看到上述译法符合英文表达的习惯。结果见图 2-30。

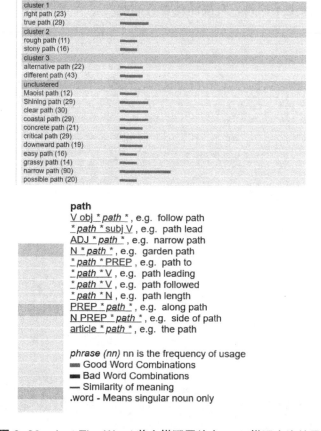

图 2-30　Just The Word 英文搭配网站中 path 搭配查询结果

　　进一步查询"path"与介词短语的搭配，发现它与"to"的搭配有 461 个例句，结果见图 2-31。综合起来看，说明现有的译法"Chinese path to modernization"符合英语本族语的搭配和表达，是地道的译法。

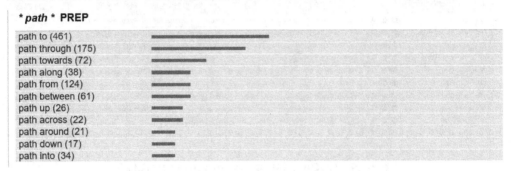

**图 2-31　Just The Word 英文搭配网站中查询与 path 搭配的介词**

　　通过上述例子发现，运用在线语料库平台、例句和搭配网站对不确定的短语进行英译查询，可以从不同层面确定地道的译法。了解一些常用的中英文语料库、搭配和例句网站及电子词典，对翻译是大有裨益的。

# 第三章　计算机辅助翻译概述

计算机辅助翻译（Computer-aided Translation，CAT），即电脑辅助翻译系统，指通过人工智能搜索及比对技术，采用参考资料库和翻译记忆程序，记录翻译人员完成的译文。当遇到相同与重复的句型、词组或专业术语时，系统向翻译人员提供翻译建议和解决方案，以节省翻译时间及成本，同时确保翻译质量与风格的一致性，是翻译界比较普遍的一种翻译技术。

## 一、 计算机辅助翻译

以计算机、航空航天、原子能为代表的第三次工业革命让人类进入了信息技术时代。电子计算机的广泛使用，促进了生产自动化、管理现代化、科技手段现代化和国防技术现代化，也推动了情报信息的自动化。以全球互联网络为标志的信息高速公路正在缩短人类交往的距离。21 世纪以来，随着物联网、云计算、5G技术及人工智能技术的进一步发展，以计算机辅助翻译为代表的翻译技术有了很大的发展。

关于计算机辅助翻译的发展阶段，国内一些学者如张政（2006）、钱多秀（2011）、陈善伟（2014）有着不同的划分，一些概念也存在差异。陈善伟在 2014年由清华大学出版社出版的《翻译科技新视野》中提出的划分方式，将计算机辅助翻译发展史划分为萌芽初创期（1967 ～ 1983）、稳步发展期（1984 ～ 1992）、迅速发展期（1993 ～ 2002）和全球发展期（2003 年至今）四个阶段。随着翻译技术的发展，有些概念容易混淆，比如机器翻译、计算机辅助翻译、人工翻译等。对于初学者来说，熟悉这些基本概念很有必要。

最常见的两个概念是计算机辅助翻译和机器翻译，其他区别的概念大多跟翻译技术有关，详情见表 3-1。

表 3-1　常见机器翻译术语

| 缩写 | 英文 | 中文 | 注释 |
|---|---|---|---|
| CAT | Computer-aided Translation | 计算机辅助翻译 | |
| MT | Machine Translation | 机器翻译 | 也称为自动翻译 |
| AT | Automated Translation | 自动翻译 | 与机器翻译同意 |
| TM | Translation Memory | 翻译记忆 | |
| TB | Term Base | 术语库 | |
| SRX | Segmentation Rule eXchange | 断句规则交换格式 | |
| TMX | Translation Memory eXchange | 翻译记忆库交换格式 | |
| TBX | Termbase eXchange | 术语库交换格式 | |
| | Corpus | 语料库 | |

## （一）机器翻译

机器翻译（Machine Translation），又称为自动翻译，是利用计算机将一种自然语言（源语言）转换为另一种自然语言（目标语言）的过程。就字面意思而言，机译便是"纯机器翻译"。

目前市面上的机译软件很多，如百度翻译、有道翻译、谷歌翻译、腾讯翻译等；当然也有机译设备，如科大讯飞翻译机、搜狗翻译机、有道翻译机等。

机器翻译主要可以分为三个步骤：预处理、核心翻译、后处理。具体流程见图 3-1。

虽然它和传统翻译流程译前、译中、译后有些类似，但相关的操作有很大的差异。

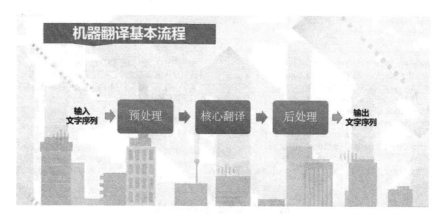

图 3-1　机器翻译基本流程

预处理：是对源语言的句子进行规范化处理，把过长的句子通过标点符号分成几个短句子，过滤一些语气词和与意思无关的文字，将一些数字和表达不规范的地方，归整成符合规范的句子。

核心翻译：是将输入的字符单元、序列翻译成目标语言序列的过程，这是机器翻译中最关键、最核心的地方。纵观机器翻译发展的历史，翻译模块可以分为基于规则的翻译、基于统计的翻译和基于神经网络的翻译三大类。现如今基于神经网络的机器翻译已经成为主流方法，效果也远远超过了前两类方法。

后处理：是将翻译结果进行大小写的转化，建模单元进行拼接，特殊符号进行处理，使得翻译结果更加符合人们的阅读习惯。

从翻译的效果来看，不同的平台还是有些差异，如图 3-2、图 3-3、图 3-4所示。

图 3-2　有道翻译的结果

图 3-3　百度翻译的结果

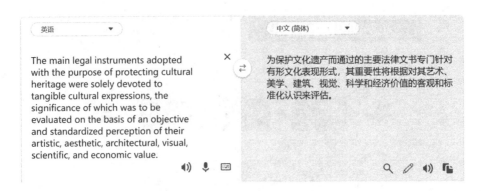

图 3-4　Bing 翻译的结果

同一英文语句译为汉语，不同机器翻译平台的效果还是略有差异，结构上问题不大，主要是细微之处的翻译还是值得思考。

虽然机器翻译技术现在已经非常成熟了，但是和专业的翻译学家相比，翻译质量还是差了很多。翻译的三大核心要素：信、达、雅。目前机器翻译还只能在前两点上继续做完善，离"雅"更是差了十万八千里。

机器翻译的应用：除了翻译文字以外，其实日常学习生活中很多场景都会用到机器翻译。

根据 Atman 语言智能的观点，从应用类型看，机器翻译可以分为四种类型：

（1）信息发布型。这类系统主要为信息发布者提供翻译服务，主要的翻译内容是新闻、法律、公告、产品说明书等。

（2）信息吸收型。这类系统主要是为那些不需要了解准确的含义，只需要浏览大意的用户提供的。

（3）信息交流型。这一类系统需要为那些进行一对一的交流的人们提供翻译服务。这类系统又包括口语翻译系统和文字翻译系统。

（4）信息存取型。这一类系统指用于多语言环境下信息检索、信息提取、文本摘要、数据库操作等目的的嵌入式机器翻译系统。

以上这些应用形式中，有些已经相当成熟（如计算机辅助翻译系统），有些却还是处于实验阶段。不过，随着机器翻译技术的发展和机器翻译水平的提高，越来越多的翻译系统将走向实用，一些新的应用形式也将被创造出来。

## （二）计算机辅助翻译

计算机辅助翻译类似于 CAD（计算机辅助设计），能够帮助翻译者优质、高效、轻松地完成翻译工作。它不同于机器翻译软件，不依赖于计算机的自动翻译，而是在人的参与下完成整个翻译过程。与人工翻译相比，质量不相上下甚至更好，翻译效率可提高一倍以上。CAT 使得繁重的手工翻译流程自动化，大幅度提高了翻译效率和翻译质量。

借助搜索及比对技术，运用参考资料库和翻译记忆程序，记录翻译人员完成的译文，当遇到相同与重复的句型、词组或专业术语时，能向翻译人员提供翻译建议和解决方案，以节省翻译时间及成本，同时确保翻译质量与风格的一致性。

计算机辅助翻译就是充分运用数据库功能，将已翻译的文本内容加以存储。当日后遇到相似或相同的翻译文句时，电脑会自动比对并建议翻译人员使用数据库中已有的译文作为参考，让翻译人员自行决定是否接受并编辑，或拒绝使用，而不是将文句词语直接交给软件处理为最终的翻译结果。在计算机辅助翻译中，计算机处理的结果仅供翻译人员参考，并非最终的翻译结果，最终是由翻译人员来决定最适合的翻译结果。其中翻译相关技术在其中作用巨大（图 3-5）。

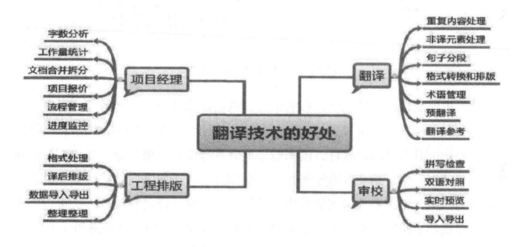

**图 3-5　翻译技术的好处**

CAT 是一个具有自学习功能的软件，它会随着用户的使用，学习新的单词、语法和句型，为用户节省更多的时间。CAT 还配有增强工具 CAM（Computer Aided Match），可将用户以前翻译过的资料转换为可以重复使用的记忆库。这样，用户就无须重复以前的劳动，从而提高翻译速度和准确性。

核心技术：CAT 技术的核心是翻译记忆技术，当翻译在不停地工作时，CAT 则在后台忙于建立语言数据库。这就是所谓的翻译记忆库（图 3-6）。每当相同或相近的短语出现时，系统会自动提示用户使用记忆库中最接近的译法。用户可以根据自己的需要采用、舍弃或编辑重复出现的文本。

　　辅助功能：对于 CAT 技术来说，另一个重要组成部分则是术语管理。翻译中出现的任何词汇，如果有重复使用的必要，都可以作为术语进行保存，保存的术语集合则成为术语库。术语库也可以重复利用，不仅用于本次翻译，还可以在以后的项目或其他人的翻译工作中重复使用，不但提高工作效率，更重要的是解决翻译一致性问题。

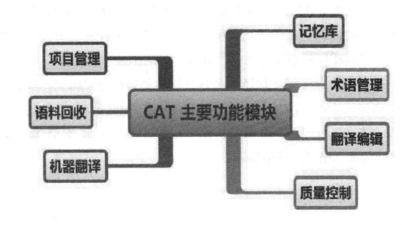

**图 3-6　CAT 主要功能模块**

　　计算机辅助软件形形色色，有的是计算机辅助软件公司生产的，如现在大家通用的 Trados Studio、Wordfast、memoQ 等；也有翻译客户自己开发的软件。另外，除了单机版的计算机辅助软件，越来越多的软件也支持"服务器—客户端"的机制，实现共享存储、共享术语库和共享记忆库等。基于网络的计算机辅助翻译软件已成为现实，不需要任何安装操作，翻译项目经理、译员和审校人员可以完全在网络浏览器上操作，如 Memsource、XTM 等，国内也出现了译马网和 YiCAT 等产品。

# 二、 计算机辅助翻译原理与流程

　　借助翻译记忆库和术语管理，计算机辅助翻译会通过一系列的操作，实现高效准确的翻译活动，完成一定量的翻译任务，甚至是比较大量的翻译工作。

### （一）计算机辅助翻译工作原理

计算机辅助翻译的基本原理就是借助翻译记忆技术辅助翻译。翻译记忆技术是狭义 CAT 工具的核心技术。译员工作时，系统在后台建立翻译记忆库（TM），每当原文出现相同或相近词句时，系统会提示用户使用记忆库中最接近的译法，译员可以根据需要采用、舍弃或编辑重复出现的文本。记忆库技术决定了 CAT 工具主要适用于有重复或重复率较高的科技、新闻、法律、机械、医学等非文学翻译领域，可以帮助译员节省大量时间，避免重复劳动，改进并提高翻译质量。

翻译记忆库多见于电脑辅助翻译工具、文字编辑程序、专用术语管理系统、多语辞典，甚至是纯机器翻译的输出之中。

一个翻译记忆单元包含了来源语言的文字区段。这些区段可以是文字区块、章节、一句或数句文句、词语。个别的字词被视为专用术语来处理。一般而言，这些专业术语不在翻译记忆的领域之中（即使翻译记忆库依旧可以包含单一字词为其翻译记忆单元）。研究显示，市场上已有很多公司所建立的多语言文件使用了翻译记忆库的技术来辅助。

CAT 中包含众多功能模块，针对译员、审校者、项目经理各有区分。主要功能模块作用也是大不相同。以 memoQ 软件为例，其主要功能是记忆库、术语库和翻译句段等，见图 3-7。

翻译记忆库（TM）：存储原文、译文翻译单元；根据匹配率给出相似译文参考建议（图 3-7）。

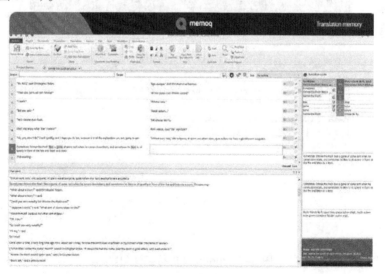

图 3-7 memoQ 的翻译记忆库

翻译术语库（TB）：相当于一部双语或多语字典，可提前导入，也可以由译员添加，后期翻译中协助译员根据具体语境选择合适术语（图3-8）。

图3-8　memoQ的翻译术语库

翻译句段（TS）：软件自动根据短断句规则，将待翻译源文件分割成众多小句段，左侧为原文，右侧可编辑区域输入译文（图3-9）。

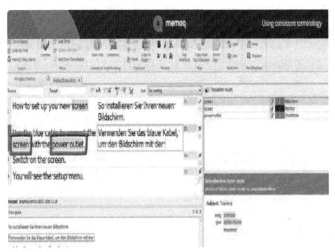

图3-9　memoQ的待翻译句段

### （二）计算机辅助翻译工作流程

从过程角度看，计算机辅助翻译分译前、译中、译后三个阶段，见图 3-10。图中左边是翻译流程中的人工参与部分，右边是 CAT 工具工作流程图。

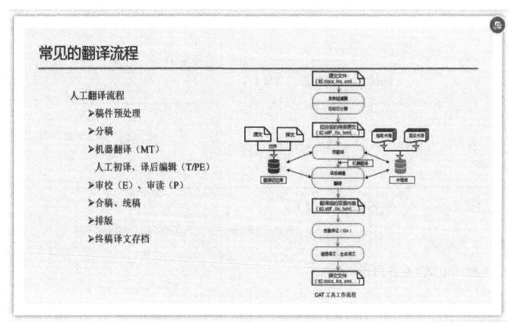

**图 3-10　CAT 工具工作流程图**

（1）翻译前：主要有三项准备工作，一是对各类型源文件进行格式过滤及句段切分；二是原文及已有译文的对齐和记忆库建立；三是从原文中抽取、翻译术语并建立术语库，为预翻译、编辑做好准备。

（2）翻译中：是要在记忆库、术语库辅助下进行预翻译，确定匹配率和实际翻译工作量，并确保译文风格统一、表述正确。

（3）翻译后：要完成质量保证、桌面排版、语料回收和管理工作，确保最终译文符合客户的要求。

以下 CAT 工作流程图也体现了上述的译前、译中、译后三个阶段，这种流程体现了当下流行的 CAT+MT 的工作模式（图 3-11）：

```
+------------------------------------------------+
|              源文本（原文）              |
+------------------------------------------------+
|
分割源文本
|
+------------------------------------------------+
|           翻译记忆数据库（TM）           |
+------------------------------------------------+
|
查询已有翻译（匹配度越高越优先）
|
+------------------------------------------------+
|              机器翻译（MT）              |
+------------------------------------------------+
|
翻译记忆／机器翻译结果
|
+------------------------------------------------+
|              术语库（TB）               |
+------------------------------------------------+
|
校验术语使用（术语一致性）
|
+------------------------------------------------+
|          人工编辑、翻译（PEM）           |
+------------------------------------------------+
|
智能提示、机器学习模型（逐字节预测等）
|
+------------------------------------------------+
|              目标文本（译文）            |
+------------------------------------------------+
```

图 3-11  CAT+MT 协同工作的翻译流程

这种 CAT+MT 工作流程的大致步骤如下。

（1）将源文本进行分割，通常按照句子或段落单位进行分割。

（2）将分割后的源文本与翻译记忆数据库（TM）进行对比，查找已有的翻译，并将匹配度较高的翻译取出。

（3）如果翻译记忆数据库中没有找到匹配的翻译，则使用机器翻译（MT）来进行翻译。

（4）在对翻译进行校对时，需要查阅术语库（TB）来确保术语的一致性。

（5）将翻译结果进行智能提示和机器学习模型预测等处理，进一步完善翻译内容。

（6）将修改后的翻译结果保存为目标文本（译文），生成最终的翻译文件。

从中我们发现，CAT 与 MT 协同工作，会使翻译更加高效。

## 三、计算机辅助翻译常见工具

### （一）CAT 工具基础

CAT 工具广义上涵盖全部帮助翻译人员工作的软件，包括电子词典、搜索引擎以及文字处理软件等，狭义上指为翻译任务及其管理专门设计的计算机工具，以翻译记忆技术为核心，用以提高翻译效率、优化翻译流程。与机器翻译不同，它的翻译过程仍以人为主导，主要功能有句段切分、翻译记忆库、术语库、质量保证等。当今市面上 CAT 工具的功能不断拓展，不再是单一 CAT 工具，更具有广义所涵盖的功能特点。下面，让我们一起来了解下国内外常见的 CAT 工具。

### （二）国外 CAT 工具

CAT 工具按照不同的分类标准，可以分成多种类别。从所使用的载体来看分为以下几类。

#### 1. 桌面版 CAT 工具

（1）Déjà Vu 翻译软件。Déjà Vu 是 Atril 公司发布的 CAT 工具，适用 Windows 系统，界面简洁、安装容易、内存占用率小，所有过程都具备软件向导，初学者也能轻松上手。Déjà Vu 常用功能包括翻译记忆库、术语库、词典、语料对齐与回收、质量保证、汇编、扫描、自动图文集、传播等（图 3-12）。

**图 3-12　Déjà Vu 翻译软件标志及工作界面**

（2）memoQ 翻译软件。memoQ 是匈牙利公司 Kilgray 开发的 CAT 软件，适用 Windows 系统，集成了翻译编辑器、翻译记忆库、翻译术语库、LiveDocs 语料库等功能（图 3-13）。

**图 3-13　memoQ 翻译软件标志及工作界面**

（3）OmegaT 软件。OmegaT 是一款由 Java 编写的免费开源 CAT 软件，适用 Windows、macOS 和 Linux 系统，其功能包括模糊匹配、扩展传播、同时处理多个多文件项目、同时使用多个翻译记忆库、带词形变化识别的用户词汇表、机器翻译接口、拼写检查等（图 3-14）。

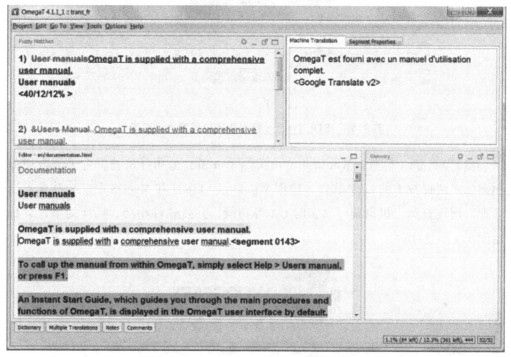

图 3-14　OmegaT 翻译软件标志及工作界面

（4）SDL Trados 翻译软件。SDL Trados 是当今最流行的 CAT 工具，适用 Windows 系统，为编辑、审校和管理翻译项目和术语提供一个完整和统一的翻译环境，可以通过桌面工具离线使用，也可以通过云端在线使用，配有翻译记忆库、术语库、机器翻译等功能，支持导入多种文件类型（图 3-15）。

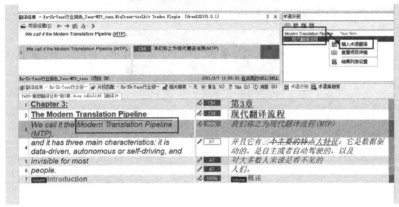

图 3-15　SDL Trados 翻译软件标志及工作界面

（5）Wordfast 软件。Wordfast 是由美国 Wordfast 公司开发的融合了语段切分和记忆库两种技术的 CAT 软件，适用 Windows、Linux 和 MacOS 系统。其含术语管理、词典查询、机器翻译、实时 QA 等功能，并且软件小巧，操作简单，运行速度快（图 3-16）。

图 3-16　Wordfast 翻译软件标志及工作界面

## 2. 在线版 CAT 工具

（1）MateCat。MateCat 是一款免费开源的在线 CAT 工具，支持导入 79 种文件格式，界面简洁，功能也较为简单，只保留了最主要的记忆库、术语库和机器翻译等功能，上手十分容易。此外，MateCat 还提供公共记忆库，为翻译提供参考（图 3-17）。

**图 3-17　MateCat 翻译软件标志及工作界面**

（2）Memsource。Memsource 适用 Windows、Linux 和 MacOS 系统，主要功能包括翻译记忆库、术语库、快速检索、集成机器翻译和质量保证等，既有网页版，也有桌面版和移动版（图 3-18）。

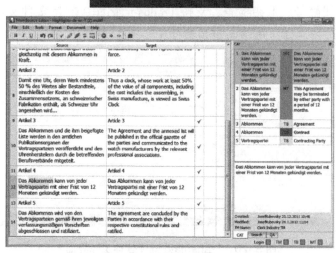

**图 3-18　Memsource 翻译软件标志及工作界面**

（3）Smartcat。Smartcat 是一款在线翻译协作工具，是兼有 CAT 和 TMS 工具系统的一体化平台，有包括中文在内的多种界面语言。免费版功能已十分全面，包括机器翻译、翻译编辑器、翻译记忆库、术语库、质量检查等，还有翻译工作和客户管理板块（图 3-19）。

**图 3-19　Smartcat 翻译软件标志及工作界面**

## （三）国内 CAT 工具

### 1. 桌面版 CAT 工具

（1）Transmate。Transmate 是由成都优译公司开发的 CAT 软件，集翻译记忆、自动排版、在线翻译、低错检查、支持 Trados 记忆库、支持多种文件格式、支持多种语言等功能于一体，单机版可免费使用（图 3-20）。

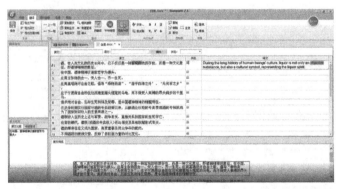

**图 3-20　Transmate 翻译软件工作界面**

（2）快译点。快译点是一款功能强大的云翻译辅助软件，不仅包含了传统的 CAT 软件的翻译记忆功能，同时也为用户提供词汇辅助、参考辅助、输入辅助、项目管理、语料管理等功能（图 3-21、图 3-22）。

图 3-21　快译点翻译软件标志及工作界面

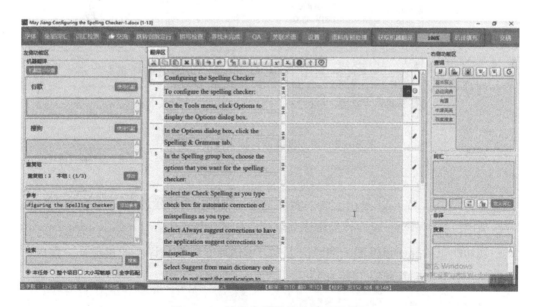

图 3-22　快译点翻译软件的翻译界面

（3）雪人 CAT。雪人 CAT 是佛山市雪人计算机有限公司开发的一款 CAT 工具，适用 Windows 系统，简单、易用、速度快，其功能包括实时翻译预览、在线词典查词、机器翻译、在线搜索、翻译记忆库、术语库、语法规则自定义、词频统计、质量保证、原格式导出等（图 3-23）。

图 3-23　雪人翻译软件标志及工作界面

## 2. 在线版 CAT 工具

（1）YiCAT。YiCAT 是由上海一者信息科技有限公司研发的在线翻译管理平台，旨在为用户提供更快、更高效的翻译与本地化解决方案。

其功能包括翻译编辑器、翻译记忆库、术语库、机器翻译、质量保证、翻译项目中的任务分配和管理等（图 3-24）。

**图 3-24　YiCAT 翻译软件的标志及工作界面**

（2）译马网。译马网与 Transmate 同属成都优译公司，是在线翻译平台，针对不同用户需求设计有个人版、团队版、企业版、高校版、定制版，主要功能包括机器翻译、预翻译、翻译记忆库、术语库、项目管理等（图 3-25）。

**图 3-25　译马网翻译软件标志及工作界面**

（3）云译客。云译客是传神语联公司旗下的全面型在线智能翻译平台，主要功能有人机共译、语言资产管理、团队协作、QA 检测等，翻译时可进行原文预览（图 3-26）。

**图 3-26  云译客翻译软件标志及工作界面**

CAT 工具种类繁多，功能强大。在线工具不占内存，使用方便快捷；桌面工具则功能更多，且越来越多工具采取在线与桌面工具协同的模式，使翻译工作更加同步高效。这些工具看似难以入手，但工作原理是共通的，可以先深入学习自己感兴趣的工具，再举一反三，慢慢探索其他工具，了解不同工具各自的特点，根据不同的翻译工作要求灵活选用。

# 四、计算机辅助翻译发展趋势

随着信息技术的不断发展，CAT 技术也在不停地发展和改进。以下是 CAT 发展趋势的一些方向。

（1）云计算和 AI 技术的应用。随着云计算和人工智能技术的发展，CAT 工具也开始将这些技术应用到翻译中，包括机器翻译、自动学习、语音识别、OCR 技术等。这些技术的应用，大大提升了 CAT 工具的效率和准确度。

（2）多语种和多媒体的支持。CAT 工具的多语种和多媒体支持，也成为未来发展的重点。翻译业务的扩展和多元化需求，促使 CAT 工具在支持多语种和多媒体翻译方面更加专业和全面。

（3）移动端的使用。随着手机和平板电脑的广泛应用，CAT 工具将不断适应移动互联网的使用需求，为用户提供更加方便高效的翻译服务，如支持移动设备访问，提供移动端的使用界面和特别设计的翻译工具等。

（4）数据安全的保障。针对 CAT 工具使用过程中涉及的大量翻译数据，工具生产商将会加强数据加密和安全保障功能，尽可能地避免数据泄漏和信息安全问题。

（5）智能化的翻译服务。未来的 CAT 工具将不断完善现有的技术，逐步向智能化方向发展，为用户提供更加精准的翻译服务。智能化的 CAT 工具将会融合多种信息技术和人工智能技术，利用人类大量数据进行训练学习，优化翻译过程和结果，提高翻译质量和效率。

# 第四章 文本处理

文本是笔译面向的主要对象，在翻译项目中译者可能需要了解文本编码等基础知识，转换不同类型的文本，也可能需要通过正则表达式、通配符等方式批量处理文本，从而为字数统计、机器翻译、术语库和语料库制作等其他需求提供基础。

在"文本处理"模块中，我们需要了解编码等基础知识，为后续实操做好准备。文本转换使用的 OCR 工具，如 ABBYY FineReader，以及两种场景下的文本转换都是文本处理中的重要内容。文本转换后的文本处理环节，我们会讲解斑斓科技小助手，利用小助手快速完成常见的文本批处理操作。除了以上基本内容外，了解使用 Microsoft Word、EmEditor，利用通配符、宏、正则表达式的基础知识与常见应用，也是我们本章不可或缺的内容。

## 一、基础知识

文本处理包括文本准备（如汉字的输入）、文本编辑、文本处理、文本存储与传输、文本展现等。熟悉文本的基础知识对于翻译来说十分重要。

### （一）字符与编码

字符是指计算机屏幕显示的各种文字、标点、图形、数字等，这些信息一般是以字节（Byte）或字节流的形式储存。若按特定规则排序，就形成了特定的编码。这是计算机软件处理信息的基础。各国语言中采用了不同的编码表作为字符的基础。简体中文编码表如图 4-1 所示。

| code | +0 | +1 | +2 | +3 | +4 | +5 | +6 | +7 | +8 | +9 | +A | +B | +C | +D | +E | +F |
|---|---|---|---|---|---|---|---|---|---|---|---|---|---|---|---|---|
| A1A0 | | | 、 | 。 | • | ˉ | ˇ | ¨ | 〃 | 々 | — | ～ | ‖ | … | ‘ | ’ |
| A1B0 | “ | ” | 〔 | 〕 | 〈 | 〉 | 《 | 》 | 「 | 」 | 『 | 』 | 〖 | 〗 | 【 | 】 |
| A1C0 | ± | × | ÷ | ∶ | ∧ | ∨ | ∑ | ∏ | ∪ | ∩ | ∈ | ∷ | √ | ⊥ | ∥ | ∠ |
| A1D0 | ⌒ | ⊙ | ∫ | ∮ | ≡ | ≌ | ≈ | ∽ | ∝ | ≠ | ≮ | ≯ | ≤ | ≥ | ∞ | ∵ |
| A1E0 | ∴ | ♂ | ♀ | ° | ′ | ″ | ℃ | ＄ | ¤ | ￠ | ￡ | ‰ | § | № | ☆ | ★ |
| A1F0 | ○ | ● | ◎ | ◇ | ◆ | □ | ■ | △ | ▲ | ※ | → | ← | ↑ | ↓ | 〓 | |

| code | +0 | +1 | +2 | +3 | +4 | +5 | +6 | +7 | +8 | +9 | +A | +B | +C | +D | +E | +F |
|---|---|---|---|---|---|---|---|---|---|---|---|---|---|---|---|---|
| A2A0 | | i | ii | iii | iv | v | vi | vii | viii | ix | x | � | � | � | � | � |
| A2B0 | � | 1. | 2. | 3. | 4. | 5. | 6. | 7. | 8. | 9. | 10. | 11. | 12. | 13. | 14. | 15. |
| A2C0 | 16. | 17. | 18. | 19. | 20. | (1) | (2) | (3) | (4) | (5) | (6) | (7) | (8) | (9) | (10) | (11) |
| A2D0 | (12) | (13) | (14) | (15) | (16) | (17) | (18) | (19) | (20) | ① | ② | ③ | ④ | ⑤ | ⑥ | ⑦ |
| A2E0 | ⑧ | ⑨ | ⑩ | � | � | ㈠ | ㈡ | ㈢ | ㈣ | ㈤ | ㈥ | ㈦ | ㈧ | ㈨ | ㈩ | � |

图 4-1　简体中文编码表

组成文本的基本元素是字符，字符与数值信息一样，在计算机中也采用二进位编码表示。

字符编码的属性：字汇、编码规则、码长。

字汇：编码字符集中有哪些字符。

编码规则：如何确定每个字符的代码。

码长：字符代码的长度，它决定了代码空间的大小。

**1. 西文字符的编码**

西文是表音文字（拼音文字），它由拉丁字母、数字、标点符号以及一些特殊符号组成。

美国信息交换标准代码（ASCII 码）：ASCII 字符集包含 96 个可打印字符和 32 个控制字符，采用 7 位二进制数进行编码。计算机中使用 1 个字节存储 1 个 ASCII 字符。

西文计算机编码方式的发展历程大致可以分为三个阶段，如表 4-1 所示。

表 4-1　西文编码发展阶段

| 阶段 | 系统内码 | 说明 |
|---|---|---|
| 阶段一 | ASCII | ASCII（American Standard Code for Information Interchange，美国信息交换标准代码）是计算机发展早期使用的编码，最早只用于显示英语和一些拓展字符，后拓展至其他西欧语言。ASCII 采用单字节方式表示 1 个字符，共可显示 256 个字符 |
| 阶段二 | ANSI 编码（本地化） | ANSI（American National Standards Institute，美国国家标准学会）编码使用 0x80 ~ 0xFF 范围的 2 个字节来表示 1 个字符，支持语言范围拓展至象形文字，由各国家与机构依据这一标准分别制定相应编码，如汉语的 GB2312、BIG5、GBK 等 |
| 阶段三 | UNICODE（国际化） | UNICODE（统一码、万国码、单一码）是国际组织制定的字符编码方案。该编码为各种语言中的每一个字符设定了统一并且唯一的数字编号，可以容纳世界上所有文字和符号，可满足跨语言、跨平台进行文本转换、处理的要求 |

### 2. 汉字编码字符集

汉字的特点是数量大，我国汉字自古至今累计已超过七万字，国家语委颁布的"现代汉语通用字表"包含七千个汉字。此外，汉字在多个国家和地区使用，包括日本、韩国、朝鲜、新加坡、马来西亚等。字形复杂，同音字多，异体字多。

世界范围内，常用的汉字编码字符集有国家标准 GB / T 2312—1980、汉字内码扩充规范 GB K、国家标准 GB 18030—2005、中国台湾地区的标准汉字字符集 CNS 11643（BIG 5，俗称"大五码"）、日本工业标准汉字字符集 JIS X 0208—1990 等多文种大字符集。详细可见表 4-2。

表 4-2　简繁体中文皆根据 ANSI 规则制定了不同的字符编码方式

|  | GB2312 | BIG5 | GBK | GB18030 |
|---|---|---|---|---|
| 作 用 | 国家简体中文字符集 | 统一繁体字符集 | GB2312 的扩展，加入对繁体字的支持 | 中日韩（CJK）文字的编码 |
| 字节数 | 变字节：<br>1 字节<br>2 字节 | 2 字节 | 2 字节 | 变字节：<br>1 字节<br>2 字节<br>4 字节 |
| 范 围 | 能表示 7445 个符号，包括 6763 个汉字 | 能表示 21886 个符号 | 能表示 21886 个符号 | 能表示 27484 个符号 |

续　表

| | GB2312 | BIG5 | GBK | GB18030 |
|---|---|---|---|---|
| 兼容性 | 兼容 ASCII 00-7F 范围内是一位，和 ASCII 保持一致 | 兼容 ASCII，但与 GB2312 有冲突 | 兼容 GB2312 | 兼容 ASCII 兼容 GB2312 |

　　文本处理中由于字符编码的不同，往往会产生乱码。文本的乱码对于文本的处理和翻译往往会有很大的影响，所以，我们需要了解乱码产生的具体原因（图 4-2）。

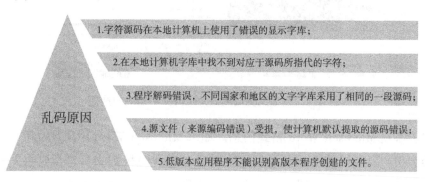

图 4-2　乱码产生的原因

**3. 乱码处理**

常见的乱码处理方法有三种，如图 4-3 所示。

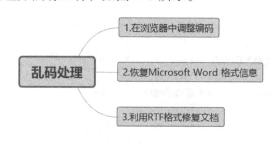

图 4-3　乱码的处理方法

　　（1）在浏览器中调整编码。大部分网页浏览器都具备强大的文本解析功能，能自动识别文本文件或网页的编码，解决解码错误导致的乱码问题。无论是文本文件还是网页文件，都可以用浏览器打开。以 IE 浏览器为例，图 4-4 中的示例网页采用的是 UTF-8 编码。只需右击浏览器页面，移动鼠标至"编码（E）"并选择"Unicode (UTF-8)"即可。

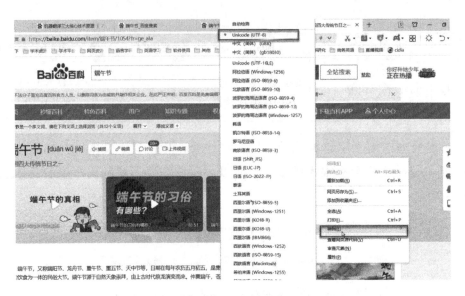

**图 4-4　网络浏览器浏览网页时文字编码的选择**

（2）恢复 Microsoft Word 格式信息。如果 Microsoft Word 中出现乱码，打开文档后会弹出"文件转换"对话框。常见的处理方式是根据文件来源选择对应语言地区的编码或 Unicode 编码，再看能否正确显示文字，如图 4-5 所示。如果还是不行，就要考虑恢复使用格式信息。

**图 4-5　恢复 Microsoft Word 格式信息**

　　Microsoft Word 文档最后一个段落符号记录着全篇文档的格式信息，删除这些格式信息可能产生乱码。对此，有两种可行的解决方法：

　　①打开损坏文档 > 点击"文件" > 点击"选项" > 选择"高级"标签中的"使用智能段落选择" > 单击"确定"。（此处以 Microsoft Word 2010 为例，见图 4-6）

　　②选定最后一个段落符外的全部内容，将这些内容粘贴到新 Microsoft Word 文件中即可。

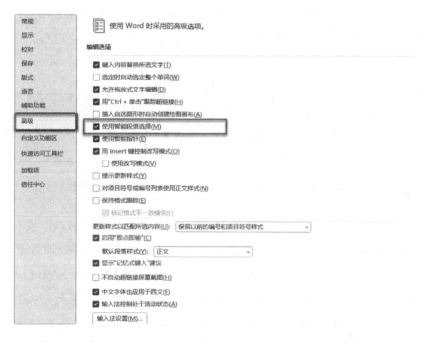

图 4-6　在 Microsoft Word 中选"使用智能段落选择"以修复乱码

　　（3）利用 RTF 格式修复文档。对于损坏的 Microsoft Word 文档，可利用 RTF 格式作为中介，来修复损坏内容。

　　打开损坏文档 > 单击"文件" > 单击"另存为" > 在"保存类型"表中，选择"RTF 格式" > 单击"保存"按钮 > 关闭 Microsoft Word > 打开刚刚保存的 RTF 格式文件 > 再使用"另存为"将文件保存为"Microsoft Word 文档"即可。

　　如果转换为 RTF 格式后仍不能恢复文件，可转换为 TXT 格式，再转回 Microsoft Word 格式。但这种情况下，图片等信息会丢失。

　　如果尝试上述办法后，还是不能正常显示文字，就需要借助 Microsoft Word 修复工具或数据恢复工具。

　　如 Final Data 软件中有专门修复 Office 文件的模块，可快速修复损坏的 Microsoft Word 文件。

## （二）标记语言

标记语言（Markup Language）是一种将文本以及文本相关的其他信息（包括文本的结构和表示信息等）结合起来，能够展现出文档结构和数据处理细节的计算机文字编码。

常见的标记语言有 SGML（Standard Generalized Markup Language，标准通用标记语言）、HTML、XML（Extensible Markup Language，可扩展标记语言）等，其标记分为标示性标记、过程性标记、描述性标记三类，如表 4-3 所示。

表 4-3　标记语言分类

| 中文 | 英文 | 功能 |
| --- | --- | --- |
| 标示性 | Presentational Markup | 标记文本结构信息，如标题的居中、放大等 |
| 过程性 | Procedural Markup | 用于文字表达 |
| 描述性 | Descriptive Markup | 逻辑标记或概念标记 |

译者经常接触的主要是以 ".htm" 或 ".html" 为拓展名的 HTML 文档，即网页文档。它们是在网站或在线帮助文档本地化过程中时常遇到的处理对象。此外，在翻译过程中，也时常接触遵循 XML 标准的文档，如 XLIFF（XML Localization Interchange File Format, XML 本地化数据交换格式）就是 CAT 工具中常用的交换格式。它在 SDL Trados Studio、memoQ、Wordfast 、Memsource 等 CAT 软件中都有应用。

1. HTML / HTML5

HTML 语言使用标记来描述网页结构，是互联网页面的标准标记语言。"超文本"就是指页面内可以包含图片、链接、音乐、程序等非文本元素。

HTML 的元素以标签形式出现，是构建 HTML 页面的基本要素。在浏览器中不会显示标签，而是将标签用于确定页面内容的位置与格式。

HTML 的主体结构包括用于提供网页信息的"头"和提供网页具体内容的"主体"两个部分，以标签的形式确定起始位置和终止位置。HTML 代码示例如图 4-7 所示。

成对尖括号 "<>" 及其中的内容都是标签，不会显示在浏览器中。

<!DOCTYPE html>标签向浏览器声明文件类型为 HTML，应按 HTML 标准解析；

<html> 是 HTML 格式的根元素；

<head> 元素内包含的是该文件的元信息；

<meta charset="UTF-8"> 代表本文件采用 UTF-8 编码；

<title> 元素为文件指定了页面标题；

<body> 元素包含可见的页面内容；

<h1> 元素则定义了一个大标题；

<p> 元素定义的是一个段落。

```
<!DOCTYPE html>
<html>
    <head>
        <meta charset="UTF-8">
        <title>页面标题</title>
    </head>
    <body>
        <h1>此处是 1 号标题</h1>
        <p>此处是 1 个段落。</p>
    </body>
</html>
```

**图 4-7　HTML 代码示例**

不同浏览器对于不同标签的默认解析是不同的。本案例中，由于没有指定 <h>、<p> 标签的字体、字号，因此，IE 和 Chrome 两种浏览器的显示效果有差异，如图 4-8 所示。

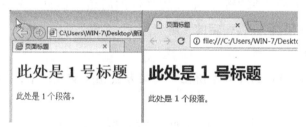

**图 4-8　不同浏览器显示效果差异**

HTML5 是最新的 HTML 标准，即 HTML 5.0 版本。HTML5 专门为承载丰富的网页内容而设计，无需额外插件即可实现诸多功能。HTML5 拥有新的语义、图形以及多媒体元素，其所提供的新元素和新 API 便于搭建网页应用程序。HTML5 可在不同类型的硬件（PC、平板、手机、电视机等）上运行，跨平台属性明显。

2. XML

XML（eXtensible Markup Language，可扩展标记语言）是一种开放的标记语言标准，用于存储与传输数据。与 HTML 格式中的预定义标签不同，XML 允许创作者定义自己的标签和文档结构。

在图 4-9 中，<?xml version="1.0" encoding="utf-8"?> 声明 XML 的版本（1.0）和所使用的编码（UTF-8）。除此之外，所有标签都是自定义标签。开发相应的应用程序，即可解析并输出相应标签。

```
<?xml version="1.0" encoding="utf-8"?>
<note>
    <to>李先生</to>
    <from>小明</from>
    <heading>提醒</heading>
    <body>请于本月 31 日前提交初稿！</body>
</note>
```

图 4-9　XML 标记

由于 XML 格式具有极强的可拓展性，翻译软件中的数据传输也大量利用 XML 格式。典型的例子是利用 XML 的可拓展性而编制不同的格式标准，如 TMX（Translation Memory eXchange，翻译记忆交换格式）、TBX（Term Base eXchange，术语库交换格式）及 XLIFF。不同的 CAT 工具都遵循这些标准，可以实现记忆库、术语库等的数据交换，从而提高不同软件之间的数据兼容性。

## （三）常见的文件格式

文档的格式取决于编程软件生成的文件的后缀，要想了解有哪些文档格式，就需要对流行通用的软件有一定的了解。

### 1. 办公软件

可能你对文档格式的理解停留在一些与办公相关的软件上，如 Microsoft Office 办公软件：

Word 的 DOCX、DOC、DOT、RTF、TXT 等文件格式。

Excel 的 XLTX、XLS、XLSM、XLSB、XML 等文件格式。

Power Point 的 PPTX、PPT、XPS 等文件格式。

还有苹果 OS 的 Keynote 的 KEY、Pages 的 PAGES 等文件格式。

### 2. Adobe 系列软件

Adobe 公司出品的软件也是业界通用的，由于软件所导出的文件也有一些文档格式，也是日常工作需要了解的。例如：

Photoshop 的 PSD 工程文件格式和 EPS 文件格式。

Illustrator 的 AI 文件格式。

此外，还有比较思维导图、项目管理、时间管理等效率软件，都有自己的格式。就生成文档格式而言，编程语言也有自己的文档格式，比如前端的 JS、CSS、HTML、TS、VUE 等，不同的编程语言也有对应的不同的文档格式。

## 二、翻译中常见文件格式

根据翻译实践中的常见情况，文本格式还可以分为如图 4–10 所示类型。

1　TXT格式

2　RTF格式

3　Microsoft Office系列格式

4　PDF格式

5　网页格式

6　图片格式

7　音视频格式

**图 4–10　文本格式分类**

### （一）TXT 格式

作为一种纯文本格式，TXT 格式只含有字符原生编码的二进制文件，不含控制元素，其扩展名为 ".txt"。 TXT 文件结构简单，广泛用于记录信息，用最简单的文本编辑器（如 Windows 系统中的 "记事本"）即可直接读写。由于结构简单，TXT 格式文件不易出现格式问题，部分信息出错时也容易恢复。同时，任何能读取文字的程序都能打开该文件类型。几乎所有 CAT 工具都支持 TXT 文件。除此之外，TXT 也是一种很好的中介格式，可用于创建术语库、记忆库等。

### （二）RTF 格式

RTF（Rich Text Format，多文本格式 / 富文本格式）是微软公司设定的一种用于跨平台文件交换的格式。RTF 文件本身与 DOC / DOCX 格式的文件类似，文件扩展名 ".rtf"。 RTF 兼容性很强，可以在不同的操作系统和应用程序之间进行传输和查看，大部分文字处理器都可以读写 RTF 格式文件。RTF 格式常常作为中间格式，利用 RTF 格式即可快速完成不同格式的转换。

### （三）Microsoft Office 系列格式

DOC / DOCX、XLS / XLSX、PPT / PPTX 格式都是 Microsoft Office 软件中使用的文件格式，三者分别是 Word、Excel、PowerPoint 三款软件所用的格式，也是我们在翻译过程中使用频率极高的文件格式。DOC、XLS、PPT 格式是 Office 2003 及更早版本所使用的文件格式，实际是一种二进制文件格式，这种文件格式一旦损坏极难恢复。

DOCX、XLSX、PPTX 则是 Office 2007 及以后版本使用的文件格式。这些格式应用的是 Office Open XML（也称为 Open XML、OpenXML 或 OOXML）标准，采用这些格式的文件实际是一种基于 XML 的 ZIP 格式压缩文件。与早期版本相比，这些高级版本由于遵循 XML 格式标准，文件体积更小，对于复杂对象（如公式编辑器、表格样式、音视频等）的支持更好。DOC 等格式是微软的专有格式，而 DOCX 等格式则遵循开放的 XML 标准，易被其他平台所解析，兼容性更高。

DOCX 等文件基于 XML 的 ZIP 压缩文件，因此可以利用这一特性提取其中的媒体内容。例如，一份 DOCX 文件中含有大量图片，要将图片提取出来做本地化处理，只需将该文件的后缀名改为 ".zip" 后解压，所有图片可在 "Word" 文件夹下的 "media" 子文件夹内查看。

### （四）PDF 格式

PDF（Portable Document Format，可移植文档格式）是能独立于操作系统、应用程序和硬件而呈现文件内容的一种文件格式，其突出的优点就是可移植性，可以在不同的操作系统、应用程序和硬件上逼真再现原稿的每一个字符、颜色以及图像。另外，该文件格式的集成度和安全性都很高，其扩展名为 ".pdf"。PDF 文档特性如图 4-11 所示。

**图 4-11 PDF 文档特性**

### （五）网页格式

最常用的静态网页是 HTML 格式文件，而且大部分网页格式都是 HTML 格式，静态网页可以直接打开并显示。

动态网页的格式包括 ASP / ASPX、JSP / JSPX、PHP、CGI 等，动态网页包含要服务器端执行的代码，无法直接打开，需要有专门的服务器环境。

### （六）图片格式

图片格式是计算机存储图片的格式，常见格式有：BMP、JPG / JPEG、PNG、TIFF、GIF、PCX、TGA、EXIF、FPX、SVG、PSD、CDR、PCD、DXF、UFO、EPS、AI、RAW、WMF、WEBP 等。图片格式分类如图 4-12 所示。

图 4-12　图片格式分类

### （七）音视频格式

常见的音频格式有：WAV、MP3、APE、FLAC、AAC、AC3、MMF、AMR、M4A、M4R、MPEG、WMA、OGG 等；常见的视频格式有：MP4、AVI、MOV、ASF、WMV、NAVI、3GP、RA / RAM、MKV、FLV、VOB 等。这些常见的音视频文件大部分可以使用"格式工厂"软件进行转换。用音频软件转写时，可利用"讯飞语记""搜狗听写"等软件进行辅助，也可利用 YouTube 自动配置字幕。

## 三、文本转换

### 1. 使用 OCR 识别字符

这一功能适合小批量内容识别。OCR 无须安装，双击一下文件打开 OCR，此时再双击电脑屏幕右下角 OCR 小图标，即可开始在屏幕上选择区域进行识别，如

图 4-13 所示。

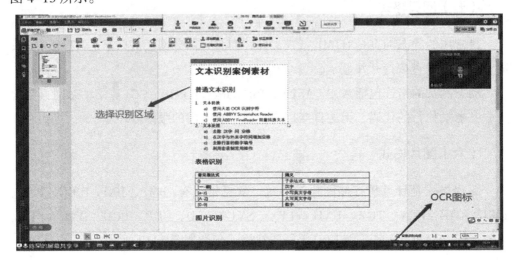

**图 4-13　OCR 文档识别开启界面**

OCR 功能区可用于编辑识别到的结果，如图 4-14、图 4-15 所示。

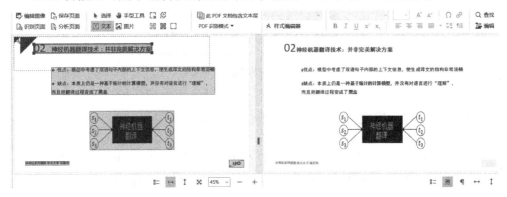

**图 4-14　文本识别案例**

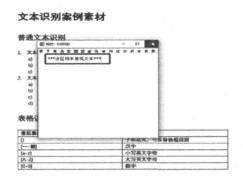

**图 4-15　文本识别效果**

正确选择识别区域后出现未发现文本一般是因为网络原因，可重复操作，如图 4-16 所示。

图 4-16　文本识别重复操作

### 2. 使用 ABBYY Screenshot Reader 识别字符

ABBYY Screenshot Reader 适合小批量内容识别。它是 ABBYY 系列的其中一个，可以通过搜索查找，从"开始"打开，为了方便也可以添加到桌面（图 4-17）。

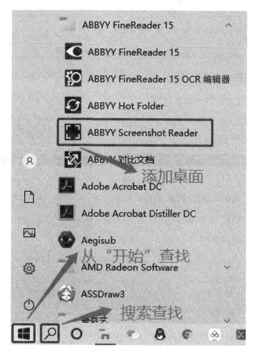

图 4-17　ABBYY Screenshot Reader 开启

ABBYY Screenshot Reader 的功能设置如图 4-18 所示。设置好后，点击右边，开始选择识别区域，识别结果会展示在设置好的位置上。最后点击"捕捉"即可。

图 4-18　ABBYY Screenshot Reader 功能设置

### 3. 使用 ABBYY FineReader 批量转换文本

如果是纸质材料，可先找打印店扫描成 PDF 文件。

打开 ABBYY FineReader，如图 4-19 所示，方式与 ABBYY Screenshot Reader 相同。

点击"在 OCR 编辑器中打开"，选择文档，即可开始识别，如图 4-20 所示。

图 4-19　打开 ABBYY FineReader 界面

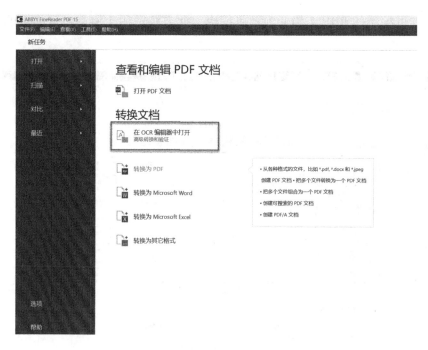

图 4-20　开始文本识别

文件内容太多时，可进行 PDF 拆分。

方法一：按住"shift"，点击选择拆分页面，选择"另存为"，选择"纯图像 PDF 文档"，如图 4-21 所示。

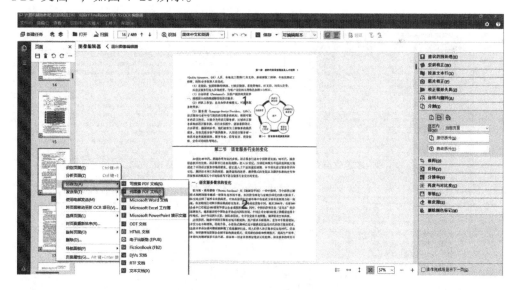

图 4-21　拆分操作 1

方法二：点击"Ctrl+P"，用打印机的方式将内容放到 PDF 中去。缺点：可能把原本可编辑的 PDF 文档变为不可编辑，此方法适用于原本不可编辑的文档，如图 4-22 所示。

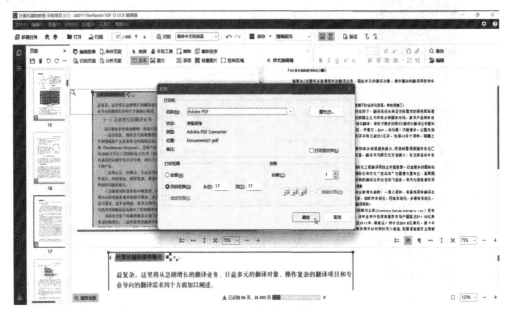

图 4-22　拆分操作 2

识别后，可进行内容验证，确认无误后点击"跳过"，背景颜色就会逐个清除掉，验证完成后右下角点击"关闭"，如图 4-23 所示。

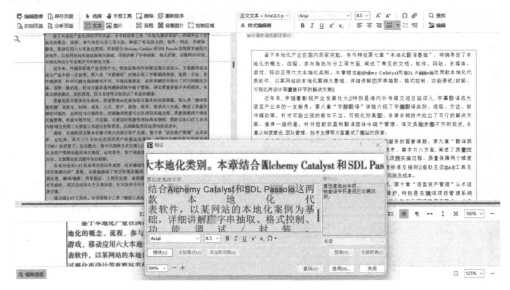

图 4-23　识别后验证

点击"保存"，可选择存为不同格式，如图 4-24 所示。

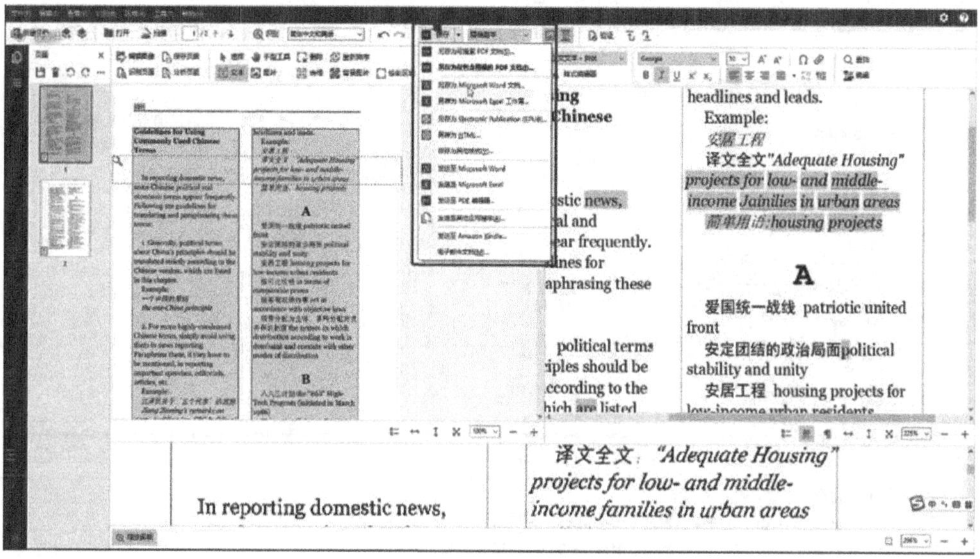

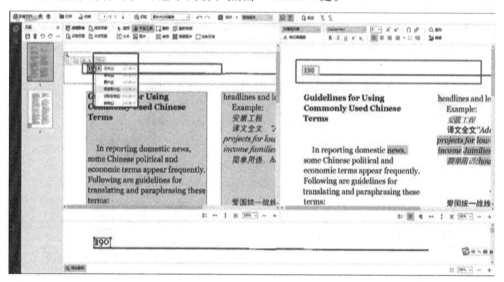

**图 4-24　存储方式选择**

选中识别的内容，可设定为"文本""图片""表格"等，如图 4-25 所示。
需要删除内容时，可选中内容，点击"delete"键。

**图 4-25　删除不需要的内容**

也可以左上功能区先对内容进行处理，然后点击识别，如图 4-26 所示。

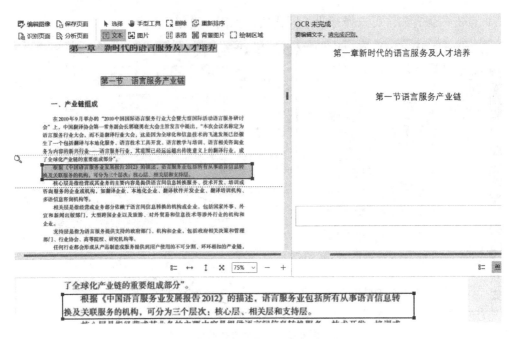

图 4-26　不同功能识别方式选择

　　操作都完成后，保存为 Word 文档。保存方式如图 4-27、图 4-28 所示，保存后的 Word 文档界面如图 4-29 所示。

图 4-27　保存方式选择

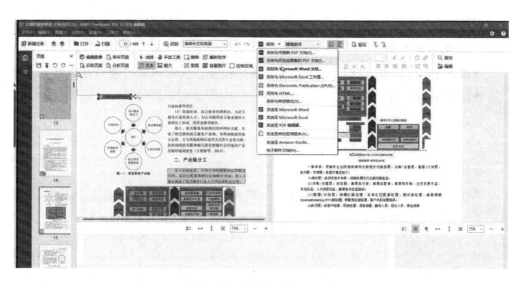

**图 4-28　保存为 Word 方式**

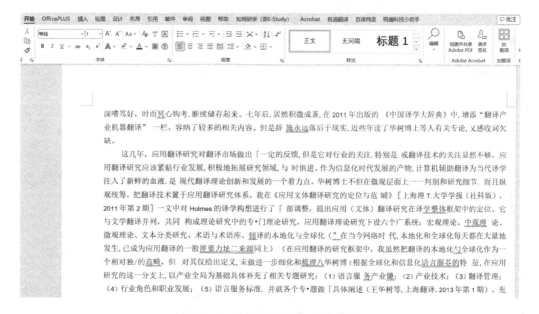

**图 4-29　保存的 Word 文档界面**

# 四、通配符与正则表达式应用

使用通配符进行文本处理时，需要点击"Ctrl+H"，再点击"更多"，勾选"使用通配符",然后进行查找替换。注意：[]、()、{} 等都需要在英文环境下输入。

**1. 查找基本原理**

查找汉字：[一-龟] 或 [一-顙]（后者比较全，前者一般也能满足需要）

查找数字：[0-9]

查找英文小写字母：[a-z]

查找英文大写字母：[A-Z]

查找英文大小写字母：[a-zA-Z]

操作如图 4-30 所示，"查找内容"里输入 [一-龟] 或 [一-顙]，光标打到文本开头处，点击"查找下一个"，即可开始逐个查找到文档内所有汉字。

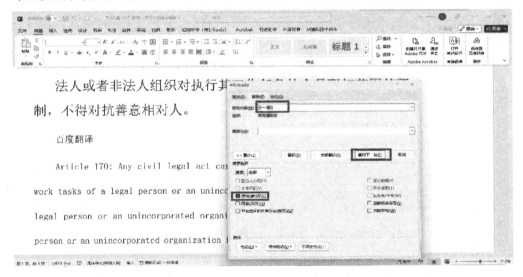

**图 4-30　查找操作**

因为在 Unicode 字符集中，普通文本字体范围内前 10 个为："一丁丂七丄丅丆万丈三"（图 4-31），后 10 个为："龜龝龞龟龠龡龢龣龤顙"。

在后 10 个中我们常见的字，就是"龟"字，"龠龡龢龣龤顙"这几个很少使用。[一-顙]里的"顙"（yù）字太难写、太难记，就使用 [一-龟] 来代替。所以，日常使用，基本上可以用"一"～"龟"来表示所有常用汉字。

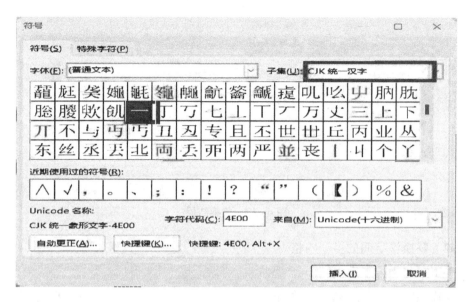

图 4-31 查找的符号

## 2. 查找替换

查找替换应该注意光标不能放在表达式中间，否则无法查找替换到该处。在不确定自己输入的通配符是否正确时，可先摘取部分文本进行试验，试验成功后再做批量处理。

（1）替换汉字间的空格。

查找：（[一 – 顬 ]）（[一 – 顬 ]）

替换：\1\2

做查找替换时，需要打开"显示 / 隐藏标记"，具体操作如图 4-32、图 4-33 所示。

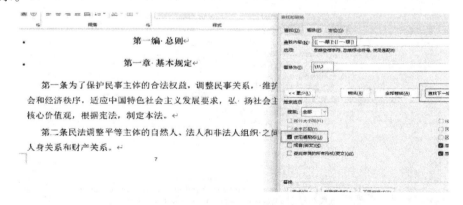

图 4-32 替换设置

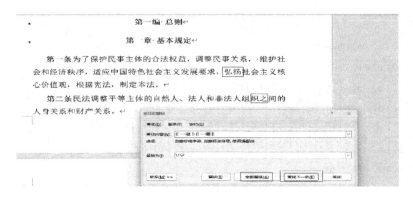

图 4-33 替换结果

（2）替换汉字间的多个空格。

利用限定符，限定次数。

查找：([一 – 飁 ]) @([一 – 飁 ])

替换：\1\2

（3）替换字母编号。

例子：A / B/C 单独成行

查找：^13[a–zA–Z]^13

替换：^p

（4）删除字母编号。

查找：^13[a–zA–Z]^13

替换：^13

具体操作见图 4-34。

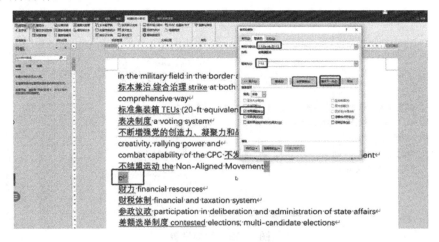

图 4-34 删除字母编号

（5）删空行。

查找：^13[ ^t ]@^13

替换：^p

具体操作见图4-35。

（6）汉字和英文间加Tab键。

查找：([一–顧 ])[ ]*([a–zA–Z])

替换：\1^t\2

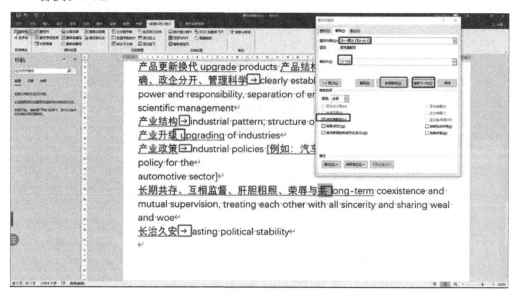

图4-35 删除空行

如若仍有少部分替换不到的，可手动处理。

（7）英文和汉字间加段落标记。

查找：([a–zA–Z]) ([一–顧 ])

替换：\1^p\2

具体操作见图4-36。

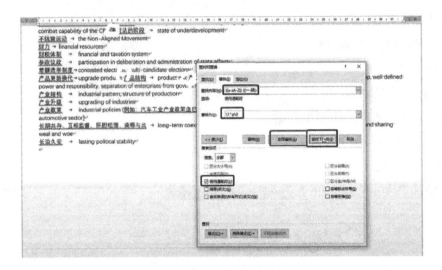

图 4-36　增加段落标记

（8）英文断行错误。

查找：([a-zA-Z])^13([a-zA-Z])

替换：\1 \2

具体操作见图 4-37。

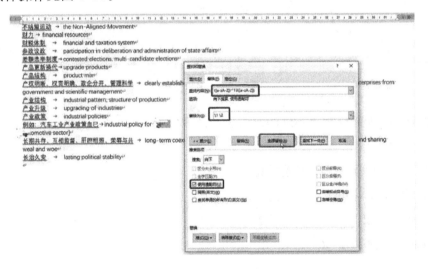

图 4-37　英文断行错误查找

### 3. 文本转表格

全选文本，点击"插入"，点击"表格"，选择"文本转换成表格"，如图 4-38 所示。

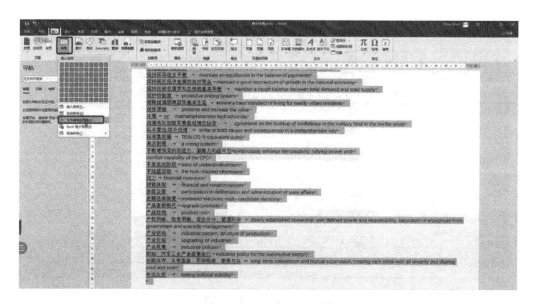

图 4-38 文本转表格操作

中英对照表格，所以列表设置为"2"，勾选制表符，然后确认，如图 4-39、图 4-40 所示。

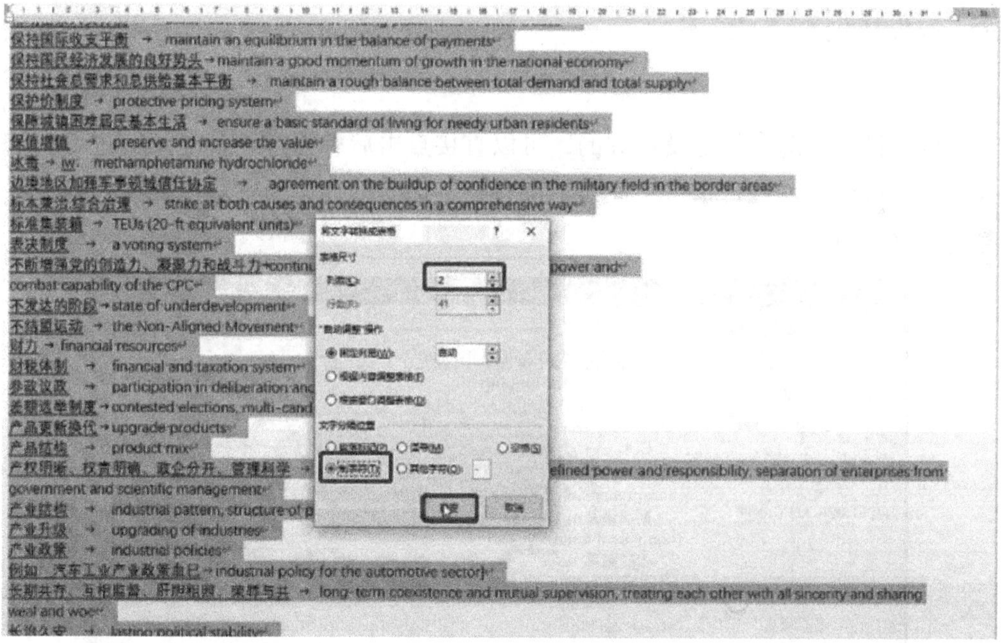

图 4-39 设置表格列数

| 爱国统一战线 | patriotic united front |
| 安定团结的政治局面 | political stability and unity |
| 安居工程 | housing projects for low-income urban residents |
| 按可比价格 | in terms of comparable prices |
| 按客观规律办事 | actin accordance with objective laws |
| 按劳分配为主体、多种分配方式并存的制度 | the system in which distribution according to work is dominant and coexists with other modes of distribution |
| 八六三计划 | the "863" High-Tech Program (initiated in March 1986) |
| 百年大计，教育为本 | Education is of fundamental importance to the fulfillment of the great long-term mission. |
| 拜金主义、享乐主义和极端个人主义 | money worship, hedonism and ultra-egoism |
| 办理(政协委员)提案 | handle (CPPCC committee member) proposals |
| 办实事 | if ◆ do practical things in the masses3 interest |
| 办事高效、运转协调、行为规范的行政管理体系 | highly efficient, well-coordinated and standardized administrative system |
| 帮助富余人员分流 | assist redundant workers in finding placements in other trades |
| 保持国际收支平衡 | maintain an equilbrium in the balance of payments |
| 保持国民经济发展的良好势头 | maintain a good momentum of growth in the national economy |
| 保持社会总需求和总供给基本平衡 | maintain a rough balance between total demand and total supply |
| 保护价制度 | protective pricing system |
| 保障城镇困难居民基本生活 | ensure a basic standard of living for needy urban residents |
| 保值增值 | preserve and increase the value |
| 冰毒 | iv. methamphetamine hydrochloride |
| 边境地区加强军事领域信任协定 | agreement on the buildup of confidence in the military field in the border areas |

图 4-40  文本转表格结果

若有错误之处，可进行手动修改。此方法有助于术语库或语料库的制作。

# 五、斑斓科技小助手

斑斓科技小助手都是设置好的，可以直接点击后查找替换，老师们也可以用这些设置好的功能进行学习，通过斑斓科技小助手的设定验证自己输入的通配符是否正确（图 4-41）。

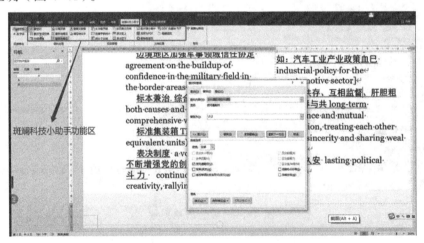

图 4-41  安装了斑斓科技小助手的 Word 界面

Windows 系统简明启用指南：

（1）打开 Word；

（2）点击左上角的"文件"；

（3）选择"选项"；

（4）选择"高级"；

（5）下拉到"常规"；

（6）点击"文件位置"；

（7）选择"启动"，点击"修改"；

（8）如启动已设置文件夹，则将"Bon-lion Helper.dotm"放入该位置；如启动未设置文件夹，则将"Bon-lion Helper.dotm"保存在某一个空白文件夹中，选择该文件夹；

（9）关闭并重启 Word 即可使用小工具。

如果要将双语对照文档分离为两份单语文档，又该如何操作呢？

借助 Word 插件"斑斓科技小助手"来完成，该插件除了有"删空行""对照表格"等功能外，还能一键"分离双语"。

选中双语内容后，点击"分离双语"选项，就能直接在原文件夹分别生成源语言文件和目标语言文件，且文件名前会自动加上"源语言""目标语言"前缀。操作和结果见图 4-42、图 4-43。

图 4-42　双语文本分离操作

| | | | |
|---|---|---|---|
| 2022年政府工作报告 | 2023/6/10 17:07 | Adobe Acrobat ... | 391 KB |
| 2022年政府工作报告英文版 | 2023/6/19 1:47 | Microsoft Word ... | 81 KB |
| 2022年政府工作报告中文版 | 2023/6/10 17:18 | Microsoft Word ... | 49 KB |
| 2022年政府工作报告中英文版 | 2023/6/19 10:46 | Microsoft Word ... | 89 KB |
| 2023 government report 6-18 | 2023/7/3 18:19 | 文本文档 | 1 KB |
| 2023 government report 6-18.mtf | 2023/7/3 18:18 | Microsoft Edge ... | 127 KB |
| 2023 government report 6-18.xdt | 2023/7/3 18:18 | XDT 文件 | 2 KB |
| 2023 government report 6-18 | 2023/7/3 18:02 | Microsoft Excel ... | 79 KB |
| 2023年政府工作报告 | 2023/6/10 18:00 | Microsoft Word ... | 43 KB |
| 2023年政府工作报告英文版 | 2023/6/19 1:38 | Microsoft Word ... | 87 KB |
| 2023政府工作报告中英对照 | 2023/6/19 11:05 | Microsoft Word ... | 91 KB |
| 2023政府工作报告中英对照 | 2023/6/19 11:03 | Adobe Acrobat ... | 794 KB |
| 目标语言_2022年政府工作报告中英文版 | 2023/7/9 10:38 | Microsoft Word ... | 46 KB |
| 源语言 2022年政府工作报告中英文版 | 2023/7/9 10:38 | Microsoft Word ... | 47 KB |

**图 4-43　生成的双语文件**

跟其他处理方式一样，确保手头上的双语文本是一行原文、一行译文相对照，中间没有多余的空行，如图 4-44 所示这样的原文与译文的单语文本就容易形成。

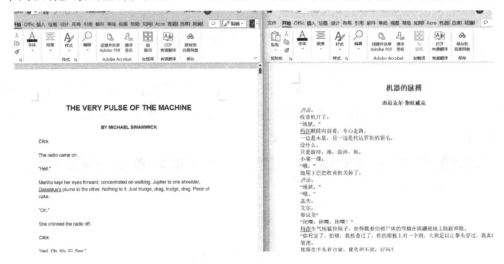

**图 4-44　分离了的原文与译文对照**

# 六、EmEditor 的应用

EmEditor 是纯文本的处理，跟 Word 比较类似，但也有不同之处。来看看如何在 EmEditor 中进行批量查找和替换。

（1）首先打开软件，在 Search 菜单下面找到我们要进行的操作，无论选择

"仅查找"还是"查找并替换",两者的选项差不多,见图4-45。

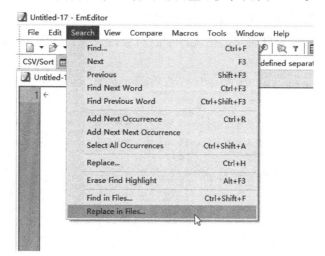

**图 4-45  EmEditor 查找与替换界面**

(2)在接下来的页面中,我们设置好要查找的文字,替换为什么文字,文件类型,文件所在的位置。注意,这里可以勾选"包含子文件夹"。还有其他一些设置也很重要:是否匹配大小写;是否全字匹配,尤其搜索英文时很重要;搜索后是否打开文件;是否保留文件的备份;是否使用正则表达式等。总之,用户需要逐项仔细看,见图4-46。

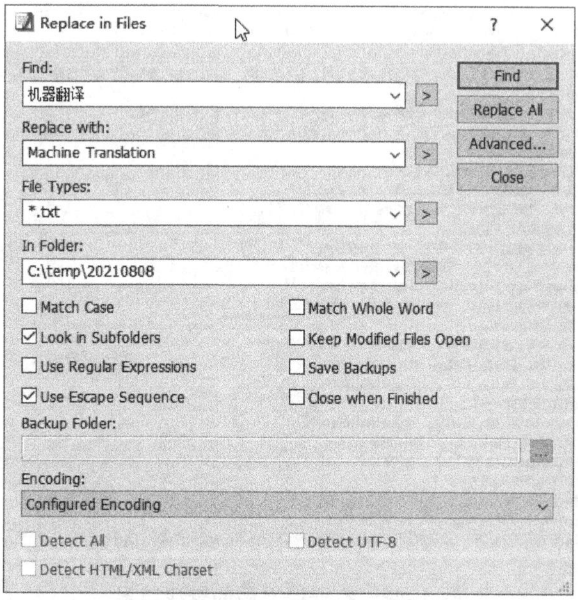

**图 4-46  查找替换设置**

（3）设置完毕后，我们可以先点击一下"查找"，查看结果，如图 4-47 所示。右侧区域是搜索的文本结果。左侧区域是所在的文件和位置。鼠标单击左侧，可以打开该文件，光标会自动停留在文件中的对应行位置，如图 4-48 所示。

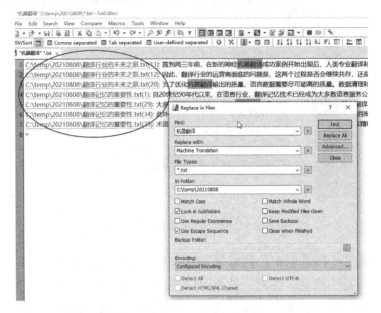

图 4-47　查找替换结果

图 4-48　打开原文后的查找结果

（4）对查找结果确认无误后，点击 Replace ALL，会替换所有内容。注意的是，替换操作会更新文件，因此在做批量查找替换之前，强烈建议备份文件，见图 4-49。

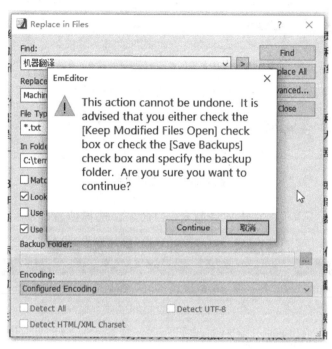

**图 4-49　替换时的提醒窗口**

到此，如何使用 EmEditor 进行文本批量查找和替换就介绍完了。其实，这款软件的功能十分强大，动手能力强的朋友，可以多探索。

# 七、录制宏

宏实际上是一系列 Word 命令的组合，用户可以在 Visual Basic 编辑器中打开宏并进行编辑和调试，删除录制过程中录进来的一些不必要的步骤，或添加无法在 Word 中录制的指令。同样 Excel 允许使用宏或者 VBA 来实现操作自动化。利用宏记录器将你执行的所有操作记录下来，以代码形式描述所进行的操作。本节是基于 Word 文档的操作案例。

打开"自定义功能区"，勾选"开发工具""确认"，如图 4-50 所示。

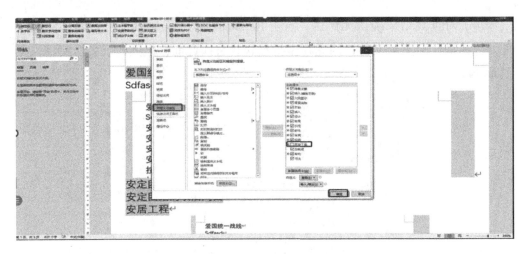

图 4-50　功能区选择

点击"开发工具"，点击"录制宏"，命名，选择位置，最后点击"确定"，如图 4-51 所示。

图 4-51　宏录制设置

确定完后，鼠标后就会出现 record。

如果想添加宏录制功能，点击"自定义功能区"，点击"新建选项卡"，开始重命名，如图 4-52 所示。最后点击"确定"。

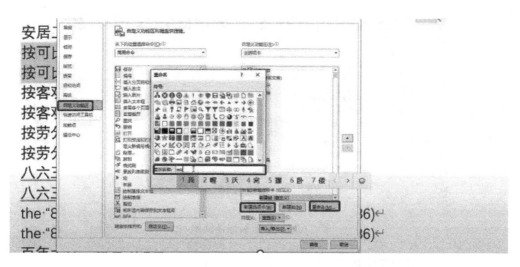

**图 4-52 宏录制功能添加**

然后，左侧选择"宏"，添加刚才重命名的选项，点击"确定"（图4-53），
录制的宏就被添加到 Word 中。

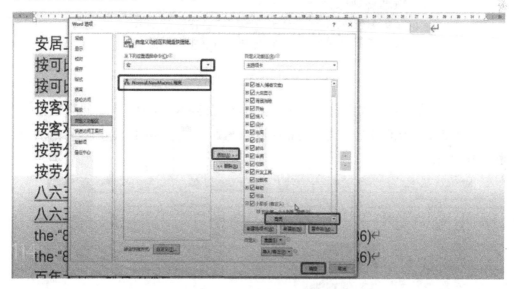

**图 4-53 选定文本区的宏录制操作**

选择文本区域，点击录制的宏，文本按录制的设定操作，结果可参考图
4-54、图 4-55。

安居工程
按可比价格
按可比价格
按客观规律办事
按客观规律办事
按劳分配为主体、多种分配方式并存的制度
按劳分配为主体、多种分配方式并存的制度
八六三计划
八六三计划
the "863" High - Tech Program (initiated in March 1986)
the "863" High - Tech Program (initiated in March 1986)
百年大计，教育为本
百年大计，教育为本

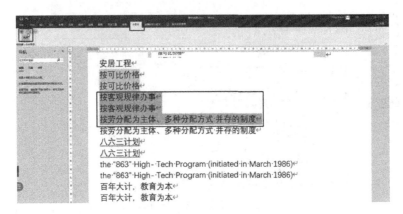

图 4–54　宏录制操作结果

安居工程
按可比价格
按可比价格
按客观规律办事
按客观规律办事
按劳分配为主体、多种分配方式并存的制度
按劳分配为主体、多种分配方式并存的制度

图 4–55　操作后的文本界面

其他操作也可以按同样方式进行，录制宏添加到 Word 中，不断使用。

如果想停止宏的录制，选择高亮区域后，两个位置都可以停止宏的录制，如图 4–56 所示。

安居工程
按可比价格
按可比价格
按客观规律办事
按客观规律办事
按劳分配为主体、多种分配方式并存的制度
按劳分配为主体、多种分配方式并存的制度
八六三计划
八六三计划
停止录制
the "863" High - Tech Program (initiated in March 1986)
the "863" High - Tech Program (initiated in March 1986)
百年大计，教育为本
百年大计，教育为本
拜金主义、享乐主义和极端个人主义

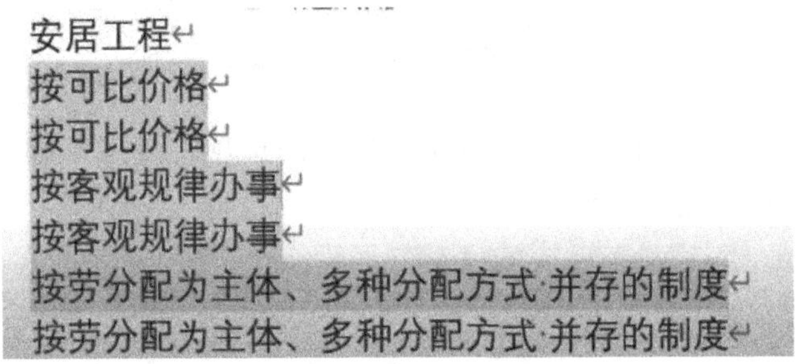

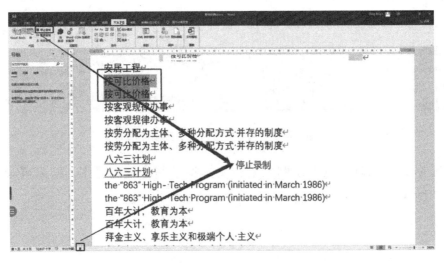

图 4–56　宏录制停止操作

# 八、通配符一览表

此处提供 Word 查找栏和替换栏的代码通配符一览表，见表 4-4、表 4-5。

表 4-4 Word 查找栏代码通配符一览表

| 序号 | 清除使用通配符复选框 | | 勾选使用通配符复选框 | |
| --- | --- | --- | --- | --- |
| | 特殊字符 | 代码 | 特殊字符 | 代码 or 通配符 |
| 1 | 任意单个字符 | ^? | 任意单个字符 | ? |
| 2 | 任意数字 | ^# | 任意数字（单个） | [0-9] |
| 3 | 任意英文字母 | ^$ | 任意英文字母 | [a-zA-Z] |
| 4 | 段落标记 | ^p | 段落标记 | ^13 |
| 5 | 手动换行符 | ^l（小写英文 L） | 手动换行符 | ^l or ^11 |
| 6 | 图形 | ^g or ^1 | 图形 | ^g |
| 7 | 1/4 长划线 | ^+ | 1/4 长划线 | ^q |
| 8 | 长划线 | ^j | 长划线 | ^+ |
| 9 | 短划线 | ^q | 短划线 | ^= |
| 10 | 制表符 | ^t | 制表符 | ^t |
| 11 | 脱字号 | ^ | 脱字号 | ^^ |
| 12 | 分栏符 | ^v | 分栏符 | ^n or ^14 |
| 13 | 分节符 | ^b | 分节符 / 分页符 | ^m |
| 14 | 省略号 | ^n | 省略号 | ^i |
| 15 | 全角省略号 | ^i | 全角省略号 | ^j |
| 16 | 无宽非分隔符 | ^z | 无宽非分隔符 | ^z |
| 17 | 无宽可选分隔符 | ^x | 无宽可选分隔符 | ^x |
| 18 | 不间断空格 | ^s | 不间断空格 | ^s |
| 19 | 不间断连字符 | ^~ | 不间断连字符 | ^~ |
| 20 | ¶ 段落符号 | ^% | 表达式 | () |
| 21 | § 分节符 | ^ | 单词结尾 | < |

| 序号 | 清除使用通配符复选框 | | 勾选使用通配符复选框 | |
|---|---|---|---|---|
| | 特殊字符 | 代码 | 特殊字符 | 代码 or 通配符 |
| 22 | 脚注标记 | ^f or ^2 | 单词开头 | > |
| 23 | 可选连字符 | ^- | 任意字符串 | * |
| 24 | 空白区域 | ^w | 指定范围外任意单个字符 | [!x-z] |
| 25 | 手动分页符 | ^m | 指定范围内任意单个字符 | [ - ] |
| 26 | 尾注标记 | ^e | 1 个以上前一字符或表达式 | @ |
| 27 | 域 | ^d | n 个前一字符或表达式 | { n } |
| 28 | Unicode 字符 | ^Unnnn | n 个以上前一字符或表达式 | { n, } |
| 29 | 全角空格 | ^u8195 | n 到 m 个前一字符或表达式 | { n,m } |
| 30 | 半角空格 | ^32 or ^u8194 | 所有小写英文字母 | [a-z] |
| 31 | 批注 | ^a or ^5 | 所有大写英文字母 | [A-Z] |
| 32 | | | 所有西文字符 | [^1-^127] |
| 33 | | | 所有中文汉字和中文标点 | [!^1-^127] |
| 34 | | | 所有中文汉字（CJK 统一字符） | [ 一 - 顡 ] or [ 一 - 隖 ] |
| 35 | | | 所有中文标点 | [! 一 - 顡 ^1-^127] |
| 36 | | | 所有非数字字符 | [!0-9] |

表 4-5　Word 替换栏代码通配符一览表

| 序号 | 清除使用通配符复选框 | | 勾选使用通配符复选框 | |
|---|---|---|---|---|
| | 特殊字符 | 代码 | 特殊字符 | 代码 or 通配符 |
| 0 | | | 要查找的表达式 \n | \ |
| 1 | 段落标记↵ | ^p | 段落标记↵ | ^p |
| 2 | 手动换行符↓ | ^l | 手动换行符↓ | ^l |
| 3 | 查找的内容 | ^& | 查找的内容 | ^& |
| 4 | 剪贴板内容 | ^c | 剪贴板内容 | ^c |
| 5 | 省略号 | ^i | 省略号 | ^i |
| 6 | 全角省略号 | ^j | 全角省略号 | ^j |

续 表

| 序号 | 清除使用通配符复选框 | | 勾选使用通配符复选框 | |
| --- | --- | --- | --- | --- |
| | 特殊字符 | 代码 | 特殊字符 | 代码 or 通配符 |
| 7 | 制表符 | ^t | 制表符 | ^t |
| 8 | 长划线 | ^+ | 长划线 | ^+ |
| 9 | 1/4 长划线（—） | ^q | 1/4 长划线（—） | ^q |
| 10 | 短划线（–） | ^= | 短划线（–） | ^= |
| 11 | 脱字号 | ^^ | 脱字号 | ^^ |
| 12 | 手动分页符 | ^m or ^12 | 手动分页符 / 分节符 | ^m |
| 13 | 可选连字符（_） | ^- | 可选连字符（_） | ^- |
| 14 | 不间断连字符（–） | ^～ | 不间断连字符（–） | ^～ |
| 15 | 不间断空格 | ^s | 不间断空格 | ^s |
| 16 | 无宽非分隔符 | ^z | 无宽非分隔符 | ^z |
| 17 | 无宽可选分隔符 | ^x | 无宽可选分隔符 | ^x |
| 18 | 分栏符 | ^n | 分栏符 | ^n |
| 19 | § 分节符 | ^% | § 分节符 | ^% |
| 20 | ¶ 段落符号 | ^v | ¶ 段落符号 | ^v |

# 第五章　机辅翻译中的术语管理

## 一、术语与术语学

### （一）术语

术语（Term）是在特定学科领域用来表示概念称谓的集合。术语可以是词，也可以是词组，用来正确标记生产技术、科学、艺术、社会生活等各个专业领域的事物、现象、特性、关系和过程。术语在科技、法律、医学、金融等专业领域中具有特殊意义和重要作用。术语总是与特定学科领域相关。

术语的一些重要特征如下：单义性、整体性、概念性、简洁性、系统性、稳定性与国际性。对于术语的性质，不同学科的学者有不同理解。王吉辉（1992）认为，术语具有单义性、科学性、专业性、系统性等特点。

#### 1. 单义性

单义性指术语与其所指科学概念之间存在的一一对应关系，意即所表示的科学概念是确定的、单一的，而不是表示一组既互相联系又互相区别的概念。术语如果存在多义，势必会大大影响人们对客观对象的准确理解；即使全民共同语词汇中的一些多义词语，在被借用作某专门领域内的术语时，这些多义单位也只能由多义变为单义。单义性是就术语在某一特定专业、学科范围而言的，它只表现在特定的专业学科中，并总是依附于某个专业学科。离开特定的专业学科来笼统地议论术语的单义性，是对术语单义性的曲解。有时，也存在一些不同的或相邻的专业学科采用了同一个语音形式来表达各自所在专业学科的特定科学概念。术语的意义是对科学概念的体现。科学概念的发展，对术语的意义有一定程度的影响，但这种影响一般不会使术语由单义变为多义。换言之，术语的单义性具有相对的稳定性。

**2. 科学性**

概念不仅能反映事物对象较多的本质特点和一般特点，而且有时也能深入地、全面地反映事物的本质属性，把那些最能说明事物本质而又深藏不露的特点加以反映，形成所谓科学的概念。术语的内涵意义正是对科学概念的体现，无疑的，术语本身具有科学性的内在特点。

**3. 专业性**

术语都是具体和相对于一定专业学科的，它具有专业性。但是各专业学科的术语各自所具有的专业性程度存在着较大的差别。因种种原因，一些术语的专业色彩已渐趋淡薄。如果不作特别深入的探究，人们很难说清这些专业术语如"力""功""升华"等具有什么样的专业性质。尽管这样，各专业学科的绝大多数术语，其专业性仍然相当明显。它们大都只能在本专业学科范围内通行，并且为该专业学科的人所理解和运用，而不研究这一专业学科的人一般很难充分理解。术语中同一个术语形式在不同的或相邻的专业学科中可以表达不同的概念，这是术语专业性较为典型的表现。

**4. 系统性**

同一专业学科内各术语并不是孤立的、随机的，而是共同形成系统的。同一专业学科内的术语，它们的物质意义之间有某种特定的联系，这种联系又是与相应的科学概念紧密相关的。"因为不论是在自然科学中还是在社会科学中，不论是在应用科学方面还是在应用技术方面，术语与概念一样，彼此之间总是相互联系的，是相互制约、相互依存的。"可以说，术语属于一种科学知识系统，每一个术语只有在它所从属的科学知识系统中才能获得精确的含义。

此外，也有观点认为，术语的特征还包括：固定性、规范性、国际性等。了解术语的特征有助于我们更好地理解专业领域中与特定知识体系和概念相关的词汇用法，保证翻译和交流的准确性和专业性。

## （二）术语学

术语学（Terminology）是研究概念、概念定义和概念命名基本规律的边缘学科，创立于 20 世纪 30 年代初。术语学是指导术语标准化的重要工具。国际上，有许多非政府组织致力于术语与语言资源的国际标准化建设。许多国家也制定了特定行业的标准术语。

国际术语组织有：国际标准化组织（ISO）、国际电工委员会（IEC）、国际术语信息中心（Info Term）等。

术语学虽然是一门比较年轻的学科，但其进展速度很快，已建立起许多新的分支学科和领域，在自然科学领域内已有生物语言学、数理语言学、宇宙语言学等分支。

近代科学技术的飞速发展，对年轻术语学的成长有着决定性的影响。其一，跨学科术语的单义性是科学家们进行学术交流的基本条件和工具；其二，专业细分性，新学科的涌现与诞生，必然创造出一批代表新概念的新术语和词汇，这两大趋势，有力地推动了术语学的发展，使其显示出强大的生命力。加之，国际标准化活动的深入开展，术语学已成为当代国际学术领域内一门极为活跃的、独立的新兴学科。

术语学研究的对象是经过定义的术语，而术语的定义根据概念，概念是反映事物本质特征的思维产物，总是与具体或抽象的实体相一致、相适应，事物的属性及其相互间的关系正是概念分类的基础，是逻辑学和本体论的内容，术语学涉及哲学范畴，特别是在概念、概念系统分析中，强调概念的内涵（本质特征的总和）和概念的外延（同类性的实体总和）。术语学的基本原理，是建立在现实主义观点之上。

翻译不仅是词语与概念的对等，还要考虑文化与思维的差异，术语的翻译也是学术界的一大难题。翻译特定行业相关主题的内容时，译者应遵循这些标准对术语进行核实，保证本地化产品的质量。

语料观察：阅读以下语篇，划出其中的术语

大豆，也叫黄豆，富含蛋白质、油脂、碳水化合物以及其他微量元素等，营养价值极高，有着"豆中之王"和"绿色牛乳"的美称。大豆的用途非常广泛，最常用来榨取豆油，制成饲料用的豆粕、提取蛋白质和卵磷脂、做各种豆制品以及酿造酱油。大豆起源于中国，在中国普遍种植，以东北大豆质量最优。世界各地的大豆都是由中国直接或者间接传播出去的，目前，巴西、美国和阿根廷是全世界三大大豆供应国，产量达到全世界的80%。

美国的大豆2021年总产量达到了1.15亿吨左右，占全球总产量的31%左右。美国的大豆主要分布在伊利诺伊州、爱荷华州、明尼苏达州等十个州，这10个州的大豆产量占到了美国全国总产量的80%左右。（语料来源：邦吉官网以及邦吉年报）

语篇中的术语：蛋白质、油脂、碳水化合物、微量元素、豆油、豆粕、卵磷脂、豆制品、酱油、供应国、总产量。

## 二、术语库

术语库（Termbase，TB）是指包含术语、术语翻译和术语相关信息（例如术语定义）的数据库。

我们会在译员进行在线翻译时自动将翻译原文与术语库进行匹配，并将匹配结果展示在翻译参考信息区，确保译员准确翻译术语并保持术语翻译一致。

术语数据库就是一部概念和术语的自动系统词典，不但包括自动处理能力，也包括处理大量数据的能力，是当代科学技术发展中的新领域，是信息论诞生与发展的产物。

尽管现有大多数术语数据库还处在第一代，但其功能已实现了输入、储存、查找、记录和输出，并可在较短的时间内回答局部问题，在较长时间内，提供某领域或分支学科的全部术语。

一些重要的国际组织，如联合国，因为有大量的官方文件、文书需要转换成不同语言版本，需要术语库作为支撑。

国内外重要的术语库如下：

联合国术语库（UNTERM）

欧盟术语库（Euro TermBank）

微软术语库

加拿大的术语数据库（TERMIUM）

医学英语在线翻译词典

术语在线

中国特色话语对外翻译标准化术语库

中国关键词

中华思想文化术语库

登录联合国术语库、欧盟术语库、术语在线三个语料库，观察术语库的特征，见图 5-1、图 5-2、图 5-3。

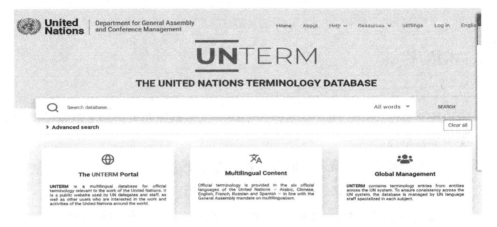

图 5-1　联合国术语库首页界面

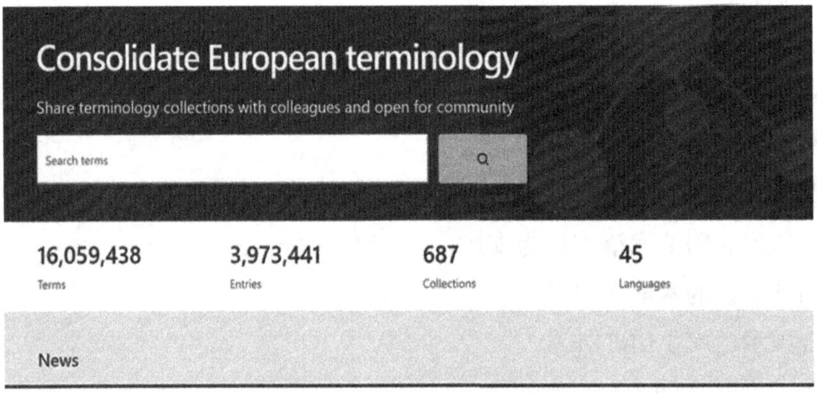

图 5-2　欧盟术语库界面

图 5-3　术语在线界面

术语库操作涉及的要点：

（1）术语库可能是双语或者多语。

（2）需要选择源语与目标语。

（3）术语库涉及多层内容。

对于职业译员来说，处理术语是翻译工作的基石。开展翻译项目是从整理和翻译术语、建立源语和目标语对照的术语表开始的。在机辅翻译中，可将术语表导入已创建的术语库中，方便使用。

术语库的构建有一定的原则要求，包括宏观结构、微观结构及数据类别的内在结构。翻译术语库是通过科学的收集、输入、储存、排序等功能，为用户提供规范目的语转换词和检索功能的数据库。

个人建设术语库使用 MS Excel、Access 等软件就可以。同时，术语库可以维护：添加、删除、修改与更新已有术语数据。

# 三、术语管理

随着全球化和信息化程度的不断加深，术语的作用和地位越来越重要，术语管理能力逐渐成为企业竞争力的关键因素。

术语管理是指任何对术语信息的深思熟虑的加工。术语管理是为了满足某种目的而对术语资源进行管理的实践活动。通常包括术语的收集、描述、处理、存储、编辑、呈现、搜索、维护和分享。

术语管理的基本原则：一致性、顾客为上、权威性、全程性。这些原则对于术语管理来说是至关重要的。

术语管理的一般流程：提取、整理、描述、处理、存储、使用、维护及更新。利用语帆术语平台和 memoQ 就会看到术语管理的全过程。

（1）术语收集与提取。翻译项目开始时，先要以统一格式提取项目中的术语。收集的术语包括出现频率高的词汇和短语、新术语（新词）、项目特定用语等。收集的术语的完整性十分重要。

与传统的手工提取术语不同，目前业内的术语提取往往借助专门的术语提取工具，通过统计词频，提取非通用词汇作为术语。国内一款在线术语管理软件"语帆术语宝"可以帮助译者在线提取术语，见图 5-4。

**图 5-4　术语收集设置**

（2）术语整理与描述。术语整理与描述是对收集的术语进行的整理加工，并加以解释说明，见图 5-5。

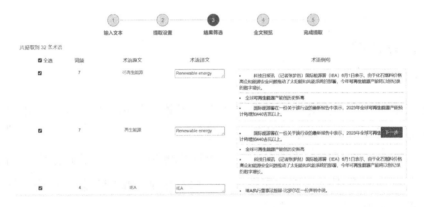

**图 5-5　术语加工处理**

针对上述提取结果筛选或修改译文，待确定后导出 XLS 或 TBX 术语文档，见图 5-6。

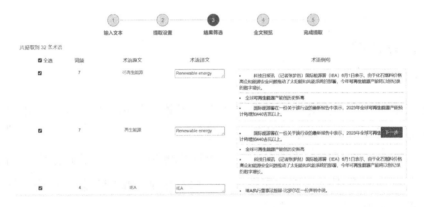

**图 5-6　术语结果导出**

（3）术语使用。术语使用指的是在项目进行中，译员使用术语库的术语进行翻译。memoQ 翻译项目进行的过程中，术语呈现蓝色，目标语对应术语也是蓝色，见图 5-7。点击即可进入译文中。

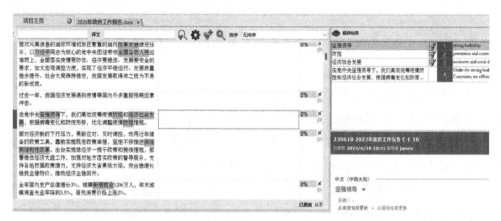

**图 5-7　术语在 memoQ 平台中的使用**

（4）术语维护与更新。术语维护与更新是在项目进行或者完成后，补充新术语、淘汰部分术语，确保术语的准确性。memoQ 中有术语部分，可以对术语进行维护、处理和更新，见图 5-8。

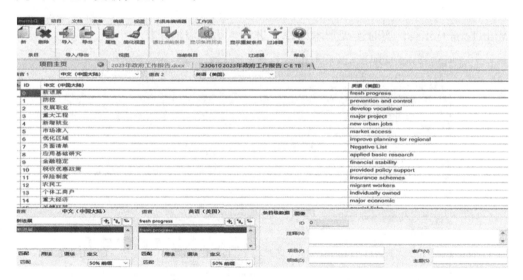

**图 5-8　memoQ 平台对术语的维护与更新**

# 四、术语管理技术和工具

随着信息技术和自然语言处理技术的迅速发展，术语管理软件呈现出标准化、集成化和网络化的发展趋势。

系统和软件具备了术语提取、术语数据库创建、管理与维护、术语数据编辑、术语检索和筛选、数据交换、用户使用权限管理、术语共享与发布等功能。

根据使用方式，工具大致分为三类：独立术语管理软件、集成在计算机辅助翻译软件中的术语管理插件和基于网络的术语管理工具。

独立的术语管理软件中，最典型的就是 SDL 公司的 MultiTerm，可以独立于辅助翻译工具使用；SDL MultiTerm Extract 还可以从中文语篇中提取术语。

（1）收集。

PhaseFinder：依据语法从已有的历史文档中提取术语。

MultiTerm Extract：依据重复频率从已有的历史文档中提取术语（图 5-9）。

MultiTerm Convert：将 Excel 文件或者 TXT 文本转化为术语库（图 5-10）。

对于产生新的术语，术语维护人员可以通过 MultiTerm 客户端，或者通过 MultiTerm Online，实时连接到术语库，进行术语的添加。

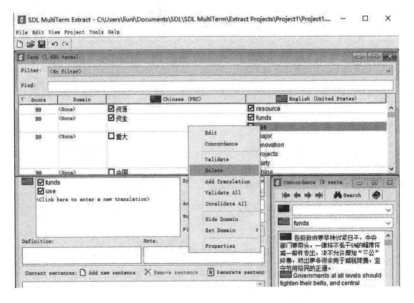

图 5-9　MultiTerm Extract 提取术语

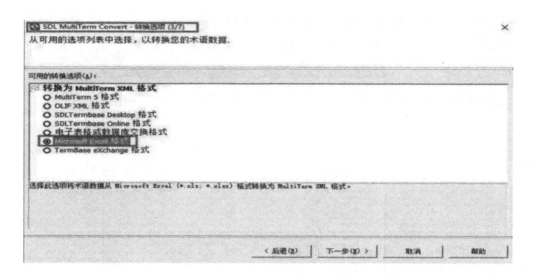

图 5-10 MultiTerm Convert 转化术语

（2）维护：每条术语分为三个层次。条目层（表达这是一条术语）；索引层（通常指语言）；术语层（可自定义，添加各种字段信息）；可以添加同义词、反义词、交叉链接、图片、声音。

（3）发布：采用 MultiTerm 客户端、MultiTerm Online。

（4）应用：MultiTerm。

（5）权限管理。SDL MultiTerm 的权限管理从大的方面来说，可以构建在不同的网络架构中，从物理上断开非法连接的可能性；从小的方面说，权限定义可以控制到：用户是否可以看到某个术语库；是否可以导入导出；是否可以查看、修改术语库中的某条术语；是否可以查看、修改术语库中的某条术语的某个语言。

集成在计算机辅助翻译环境中的术语管理工具是目前主流的解决方案，与翻译记忆库、对齐工具、编辑工具、文字处理界面形成一体化的管理系统。常见的集成式 CAT 术语管理软件有：Wordfast 软件的术语模块（图 5-11）、Déjà Vu 术语模块（图 5-12）、雪人 CAT 的术语模块（图 5-13）等。

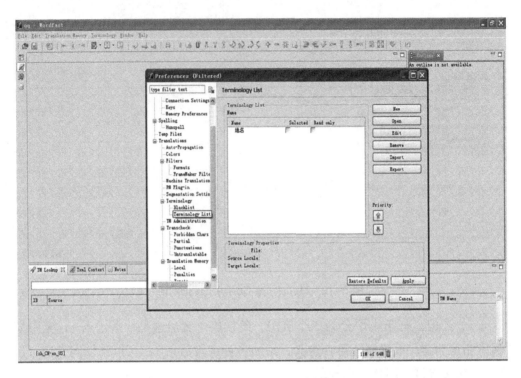

图 5-11　Wordfast 术语管理界面

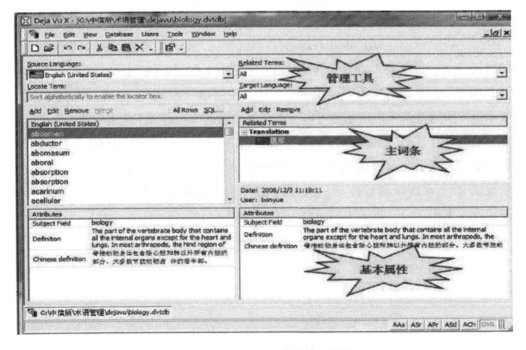

图 5-12　Déjà Vu 术语管理界面

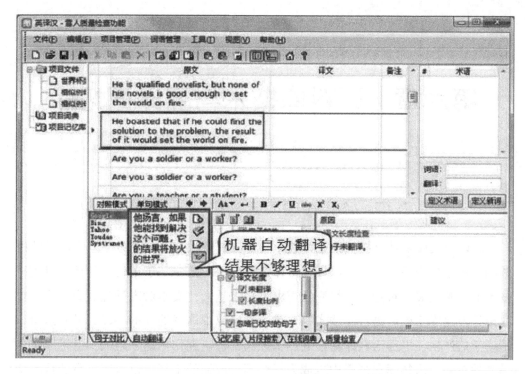

图 5-13 雪人 CAT 术语管理界面

第三类线上术语管理是当今的发展趋势。局域网络的术语管理工具和基于云计算系统的术语服务使术语协同成为可能。Termweb 网站能提供一体化的术语管理。TermWiki Pro 兼容性强，能够与国际互联网互联互通。个人用户而言，免费的在线术语管理工具比较合适，例如，国内语智云帆公司的语帆术语宝，可在线收集中、英、日三种语言的单语或双语术语。

# 第六章 语料库技术与翻译记忆库

翻译记忆库是计算机辅助翻译技术中十分重要的部分，高效率、高质量的机辅翻译建立在合理、有效的翻译记忆库的基础上。随着基于记忆库的计算机翻译技术的不断发展，对翻译记忆库的需求量越来越大，文本对齐处理成为一项重要的记忆库建库手段。语料库技术原本是语言研究中语料处理的手段，随着语料库翻译学的产生，平行语料库对于翻译实践和翻译研究作用越来越大，通过原文与译文的对齐，语料库在翻译中也成为一个不可或缺的工具。语料库自身的技术特点使得它和计算机辅助翻译中的记忆库有了新的联系。单语、双语语料库就是扩大了的翻译记忆库，在计算机辅助翻译中作用日益显现。

## 一、翻译记忆系统

前面章节中，我们谈到过翻译记忆库是计算机辅助翻译的主要功能模块，了解翻译记忆库，对于计算机辅助翻译有很大的作用和好处。

### （一）翻译记忆库基础

翻译记忆库（Translation Memory，TM）是计算机辅助翻译（CAT）领域的核心技术之一，它是一个用于存储已翻译文本的数据库。翻译记忆库将原文和译文作为匹配的"片段"存储在一起，这些片段通常是句子或者段落。翻译记忆库的主要目的是在翻译过程中帮助译者快速找到以前翻译过的相似或相同的内容，从而提高翻译效率、节省时间并保持翻译的一致性。

翻译记忆库的工作流程：

（1）切分：在开始翻译时，CAT 工具会对原文进行切分，通常按句子或段落进行。这样可以将原文划分为若干更易处理的片段。

（2）匹配：在翻译过程中，CAT 工具会实时检查翻译记忆库中是否存在与当前片段相似或完全相同的原文。这一过程称为匹配。

（3）提示：如果翻译记忆库中找到匹配的原文及其对应的译文，CAT 工具会将译文作为建议显示给译者。匹配度越高，提示的译文就越接近完整的翻译结果。译者可以直接采用、修改或忽略这些建议。

（4）储存：译者对每个片段进行翻译后，CAT 工具会将新的原文和译文配对存储在翻译记忆库中，从而不断更新和扩充数据库。

（5）复用：未来进行类似翻译任务时，可以继续使用现有的翻译记忆库。这有助于跨项目保持翻译的一致性，并且随着翻译记忆库的增长，翻译效率会逐步提高。

正是这样流程的循环往复，以翻译记忆库为核心的计算机辅助翻译和机器翻译日趋普及，在翻译实践和语言服务中发挥着巨大的作用。

## （二）翻译记忆库的发展

### 1. 翻译记忆概念的提出

翻译记忆的理念形成于 20 世纪 70 年代。20 世纪 70 年代 Alan Melby 在杨百翰大学机器翻译项目组研究交互式翻译系统（Interactive Translation System）时提出了翻译记忆的理念。

Hutchins（1998）认为，翻译记忆理念由 Peter Arthern（1979）率先提出。Hutchins（1998）指出，来自不同背景的不同人士在不同时间、计算机的不同发展阶段独立提出了相似的观点。他建议将所有源文本和译文文本存储在电脑里，以便对文本的任何部分快速提取，并根据需要实时插入新文本中。他将这一理念称作"文本提取式翻译"。

1988 年默默无闻的 TRADOS（TRAnslation & Documentation Software）公司发布了 TED，作为该公司销售的 INK 公司电子词典产品 Text Tools 的插件，为译者提供了分屏编辑窗口。1992 年，TRADOS 发布了 DOS 版计算机辅助翻译软件 Translator's Workbench Ⅱ，其中的 TW Editor 模块即源于 TED，增加了一大重要模块——翻译记忆，如图 6-1 所示。该模块的基本功能：分割区段（Segmentation）、自动检索、模糊匹配（Fuzzy Match）等。

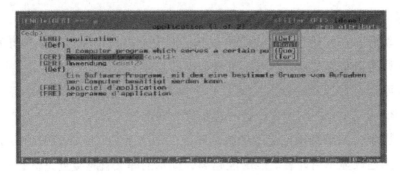

图 6-1　Workbench II 翻译记忆模块

### 2. TM 工具初步发展

1991 年德国 STAR 公司发布了 STAR Transit 辅助翻译工具。1992 年 IBM 德国分公司也发布了内置翻译记忆模组的电脑辅助翻译软件 IBM Translation Manager/2。1993 年西班牙 Atril 公司发布了支持首个 Windows 版本的计算机辅助翻译系统 Déjà Vu。20 世纪 90 年代初，以翻译记忆为核心的计算机辅助翻译软件已经初步形成。

### （三）翻译记忆库工作模式

翻译记忆库技术广泛应用于专业翻译领域，特别是在处理大量重复或类似文本的翻译任务时具有显著优势。许多计算机辅助翻译（CAT）工具都集成了翻译记忆库功能，如 Trados、memoQ 等。

基本原理：在现存的翻译语料库中进行文字检索，将原文与库存译文语段进行对比，选出与原文最为近似的库存语料供用户加以识别选用。这样充分利用计算机的优势，担负翻译中机械性、重复性的工作（如原文分析、翻译记忆、术语管理、项目管理等），并为译者提供了更多的选择和更大的参考范围（图 6-2）。

**Translation Memory 工作原理**

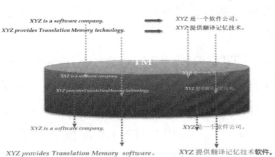

图 6-2　翻译记忆库工作原理

匹配原理：Trados 等软件是基于字符串的匹配检索算法。Vladimir Levenshtein 1965 年提出编辑距离（Levenshtein Distance 或 Edit Distance），指的是计算将一个字符串转换成另一个字符串所需要进行插入、删除和替换操作的次数，与整个字符串的长度相比，得出的百分数。例如：要将单词"magazine"转换成"magazines"，需要键入一个字母"s"，差别为1，与整个字符串（通常为源字符串）之比为 12.5%。使用这种方法，翻译记忆系统认为两者之间的相似度为 87.5%。SDL Trados 记忆库中语句的相似度对比见图 6-3。

计算下列字符串的相似度情况：

（1）Ice cream: chocolate and vanilla

（2）Ice cream: vanilla and chocolate

（3）Oracle® is  a registered trademark of Oracle Corporation.

（4）Java® is a registered trademark of Sun Microsystems Inc.

（5）Unix®, X / Open®, OSF/1®, and Motif® are registered Trademarks of the Open Group.

在这些例句中，（1）和（2）的相似度只有32%，（3）和（4）的相似度61%，（3）和（5）的相似度低于30%。

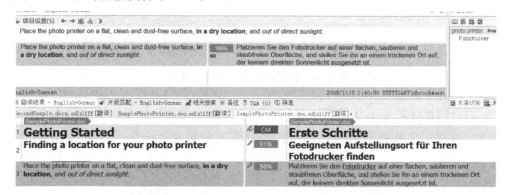

**图 6-3　SDL Trados 记忆库中语句的相似度对比**

## （四）翻译机记忆库的作用和效益

使用 CAT 中的翻译记忆库系统，可以大大提高翻译工作效率。随着翻译工作年限的不断增加，翻译的时间效益和成本效益随之增加，工作效率会大幅度提升。

翻译记忆库在翻译过程中的作用见图 6-4。正是因为翻译记忆库的进步，使得计算机辅助翻译收到越来越多的关注和好评。

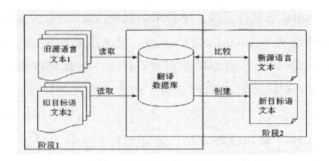

图 6-4　翻译过程中翻译记忆库的作用

在一些重要的计算机辅助翻译平台上，TM+TB 协同工作（图 6-5），使得新时代的翻译效率更高。

图 6-5　翻译平台中的翻译记忆库

翻译记忆库随着工作量的增加和时间的推移，在实际的工作中会提高工作的效率。这样的工作效率主要体现在它的时间效益和成本效率等方面，如图 6-6、图 6-7 所示。

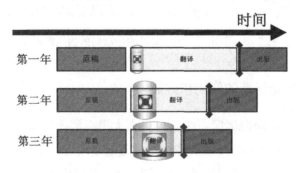

图 6-6　翻译记忆库的时间效益

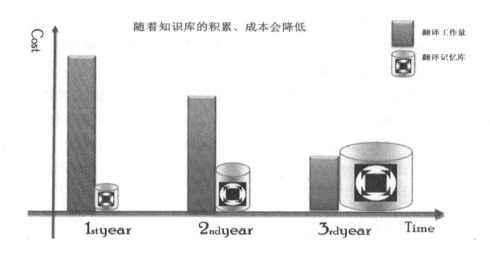

**图 6-7　翻译记忆库的成本效益**

总之，翻译记忆库的作用和意义体现在如下几个方面：

（1）节省翻译总支出。越来越多的企业在首次进行产品本地化时便会选择建立自己的翻译记忆库，最大的原因就是利用翻译记忆库可大大节省翻译成本。

（2）提高翻译效率，加快项目交付。翻译记忆库还可以提高翻译效率，缩短项目交付时间。这是因为：翻译记忆库越强大，译员所做的重复劳动就越少。翻译记忆库的存在可以让译员在翻译过程中，实时看到以往翻译的内容。与现阶段内容相符的已有翻译，会立即推荐给译员，快速添加到译文处，再根据不同语境稍作调整。因此译员只需处理新内容，从而节约时间、大大提高效率。

（3）提高译文质量，保持译文一致性。除了节约翻译成本和加快翻译速度，企业翻译记忆库中储存的译文，还可帮助语言服务商把握语言风格和语气，从而使公司不同时期的项目译文保持用语和风格的一致性，有利于公司品牌整体形象的塑造。

## 二、翻译记忆库的创建

根据现代逻辑学中的演绎法，译员在翻译过程中会留下翻译记忆，CAT 工具自动将这种翻译记忆存储在翻译记忆库中并在后来的翻译工作中提示译员，节省译员翻译时间。通过有目的性地制作一个翻译记忆库，针对性地应用到某一领域的翻译项目中，提高翻译的质量和效率。

经统计发现，专业领域如法律、机械、科技、新闻、医学等翻译资料数量巨大，重复率高达20%～70%，假设每次翻译文本译员都当作一次崭新的任务去对待，译员会做大量的重复劳动，浪费大量时间。

为了避免该现象发生，译员所要做的就是收集整理自己之前翻译类似的双语文本、别人共享的同领域的双语文本以及自己在网络上搜索的该领域有价值的双语文本，将这些双语文本整理到一起形成双语语料，对其进行对齐操作，同时在机翻平台中创建一个翻译记忆库，最后把对齐后的双语语料导入翻译记忆库中，一个小型的翻译记忆库就制成了。

## （一）翻译过程中的创建

在翻译过程中创建翻译记忆库主要包括以下几个步骤。

### 1. 初始化翻译记忆库

在开始翻译项目之前，首先需要初始化一个新的翻译记忆库。这通常在计算机辅助翻译（CAT）工具中进行，例如 Trados、memoQ 等。在创建翻译记忆库时，还需要设置相关属性和参数，如原语言、目标语言、领域等。

### 2. 分段和预处理源文本

将源文本导入 CAT 工具后，工具会自动对源文本进行分段处理，通常是按照句子或段落进行。这样可以确保源文本按照可处理的片段进行翻译。此外，在开始翻译之前可能还需要对源文本进行预处理，针对文本中的特殊元素如标签、格式等进行处理，确保它们在翻译过程中能被正确识别和重构。

### 3. 翻译源文本并更新翻译记忆库

译者开始对分好段的源文本进行翻译。在每次翻译一个片段并确认译文时，CAT 工具会自动将原文与译文的配对保存至翻译记忆库中。这样，翻译记忆库会在整个翻译过程中不断更新和扩展。

### 4. 利用翻译记忆库加速翻译

当翻译过程中出现相似或相同的片段时，CAT 工具会从翻译记忆库中检索与当前片段匹配的译文，并按照匹配度将其显示为翻译建议。译者可以根据匹配度和实际需求，选择采纳、修改或忽略这些建议。

### 5. 保持翻译的质量和一致性

借助翻译记忆库，译者在翻译过程中可以确保面对复杂、多样的文本内容时，维持翻译质量和一致性。翻译记忆库也有助于跨项目共享已翻译文本，提高团队协作的效率。

### 6.翻译结束后的记忆库维护

在翻译项目结束后，应将翻译记忆库进行备份和维护，以便在未来的翻译任务中重复使用。这包括：定期对翻译记忆库进行更新、合并、分割、导入、导出等操作。

这种记忆库的制作随着同类型材料的翻译工作量不断增加，对于随后的翻译活动有很大的作用。

常见的 CAT 工具就是基于这种记忆库来辅助翻译的，但这种记忆库制作的方法属于记忆库制作的基本方法。

主流的 CAT 平台上，译者在翻译过程中已经翻译的内容就会成为后面新翻译内容的记忆库。记忆库就在这样的不断工作中慢慢形成与扩展。

图 6-8 就是 memoQ 平台上记忆库创建和工作的例子。

同样，Trados 平台上记忆库的创建和工作模式也基本一样，但不同机辅翻译平台中，记忆库呈现的方式和位置不一定相同。

图 6-9 就是 Trados 平台记忆库运作的例子。

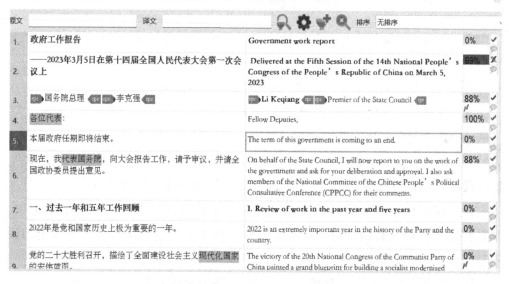

图 6-8　memoQ 平台中记忆库的运作

图 6-9　Trados 平台中记忆库的运作

## （二）文本对齐方式的记忆库创建

除了译者自己翻译形成的记忆库，可以利用已有的翻译双语材料和其他译者的记忆库形成新的记忆库。利用文本对齐工具或 CAT 工具自带的对齐工具进行文本对齐然后保存为记忆库文件是当下流行的翻译记忆库制作方法。

通常原译文对应的电子档一般分两种：

一种文件对应，比如两篇文档，其中一篇是原文，另一篇是译文。

另一种是在文件内对应，比如一篇 Word 文件中，第一段是原文，第二段是第一段的译文，第三段是原文，第四段是第三段的译文，以此类推。

针对这两种情况，我们就需要使用对齐文档功能。对齐文档，简单来说，就是把原文和译文文档拆分，让其中的原文和译文产生对应关系，形成上面说的对应表格，一般来说，对齐文档的目的基本只有一个：制作记忆库。

目前市面上支持对齐的软件工具还不少，既有桌面版的，又有网页在线版的，各有利弊。主要对齐工具有 Trados WinAlign、memoQ LiveDocs、ABBYY Aligner、DVX 对齐组件、雪人 CAT 对齐组件、Wordfast Aligner、TMX Editor 以及 Transmate Aligner 等。其中，WinAlign 对齐界面如图 6-10 所示。

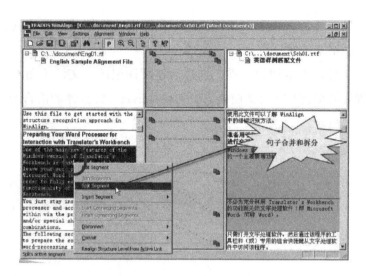

图 6-10　WinAlign 对齐界面

## （三）memoQ9.3.7 与 Trados2021 平台语料对齐操作实例

Trados 具有对齐已翻译文档的功能，帮助译员将之前未使用 Trados 时翻译的原文和译文创建成相关的翻译记忆库。这个功能称为 Winalign。memoQ 的项目主页有一个 LiveDocs 语料库，LiveDocs 可以收集早期文档。memoQ LiveDocs 语料库通过对齐，利用先前版本的译文翻译新文档。这两个 CAT 平台自身拥有的对齐工具，是创建记忆库的另外方式。

（1）Trados Winalign 对齐操作。打开 Trados 后，左侧界面窗口中，点击最下面的"翻译记忆库"（图 6-11），然后点击上方工具栏的"对齐"即可（图 6-12）。对齐的目的就是创建记忆库，这个需要和 TM 库配套，可以新建 TM 库，也可以打开之前的 TM 库。

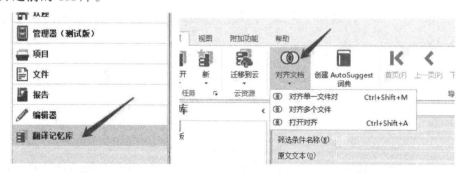

图 6-11　界面窗口的翻译记忆库　　　　图 6-12　工具栏上的对齐功能

对齐效果的好坏，取决于两个因素：一是原译文文档的排版格式；二是对齐软件对文件排版格式的解析效果。

选择单一文件，点击创建选项，选择新建翻译记忆库文件（图6-13），根据实际需要设置好源语言（原始文档语言）和目标语言（要翻译的语言）（图6-14）。

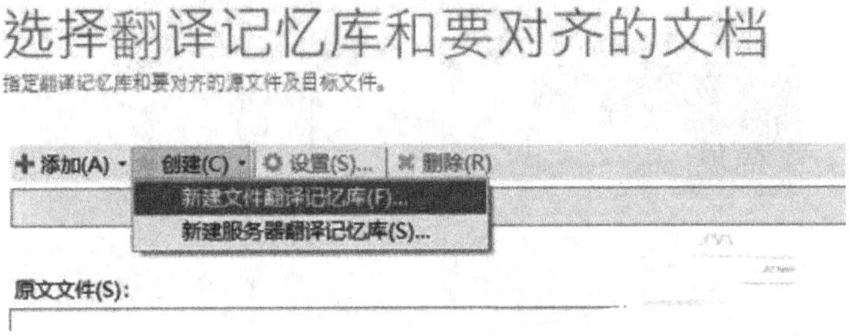

图 6-13　创建翻译记忆库

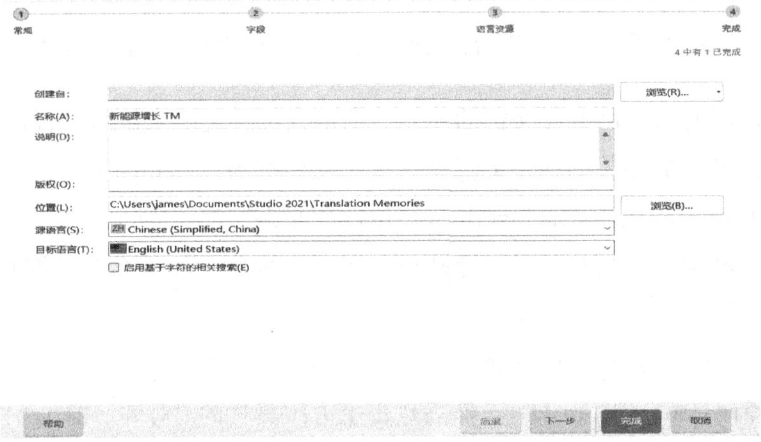

图 6-14　选择双语文档

点击"下一步"，选择"完成"，关闭选项即可完成翻译记忆库的创建工作（图6-15）。

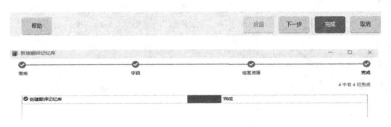

图 6-15　完成创建

分别选择下方的原文文件右边的浏览选项，置入要翻译的原始文档，点击译文文件置入翻译好的原文文档，置入好文档之后，点击"完成"选项。

原文文档与译文文档置入好之后，即可打开文档对齐的界面窗口（图 6-16），Trados 软件会自动进行初步的文档对齐工作，选择点击上方的对齐编辑模式选项进行文档对齐编辑操作。对齐后的效果如图 6-17 所示。

**图 6-16 对齐文档完成**

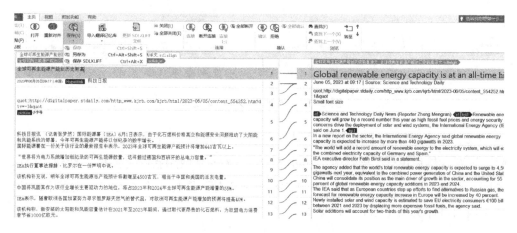

**图 6-17 文本自动对齐界面**

调整好之后点击"导入翻译记忆库"（图 6-18）。打开刚才创建好的翻译记忆库文件，形成新的记忆库，翻译项目中可以增加新加的记忆库了（图 6-19）。

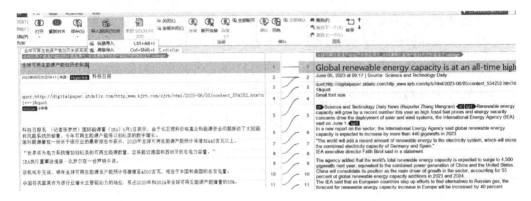

图 6-18　修改好的对齐界面

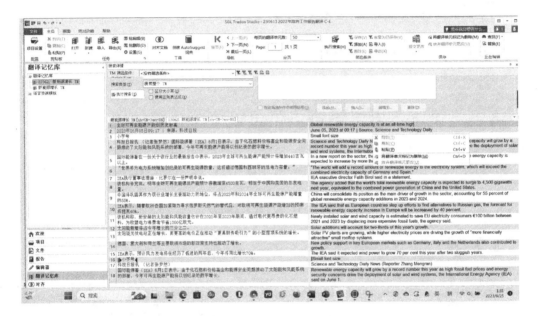

图 6-19　添加后形成的记忆库

（2）memoQ 平台 LiveDocs 语料库对齐。首先转到"项目主页"下的"语料库"视图，然后单击"语料库"功能区中的"新建/使用新的"图标，新建一个语料库。单击"语料库"功能区中的"添加对齐对"图标（图 6-20），分别添加原文文档和目标文档（图 6-21）。

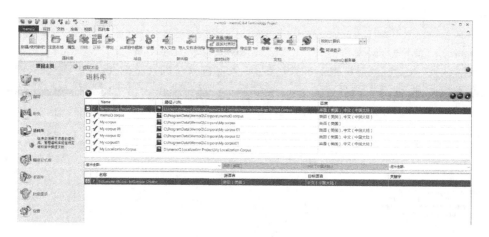

**图 6-20　LiveDocs 语料库对齐**

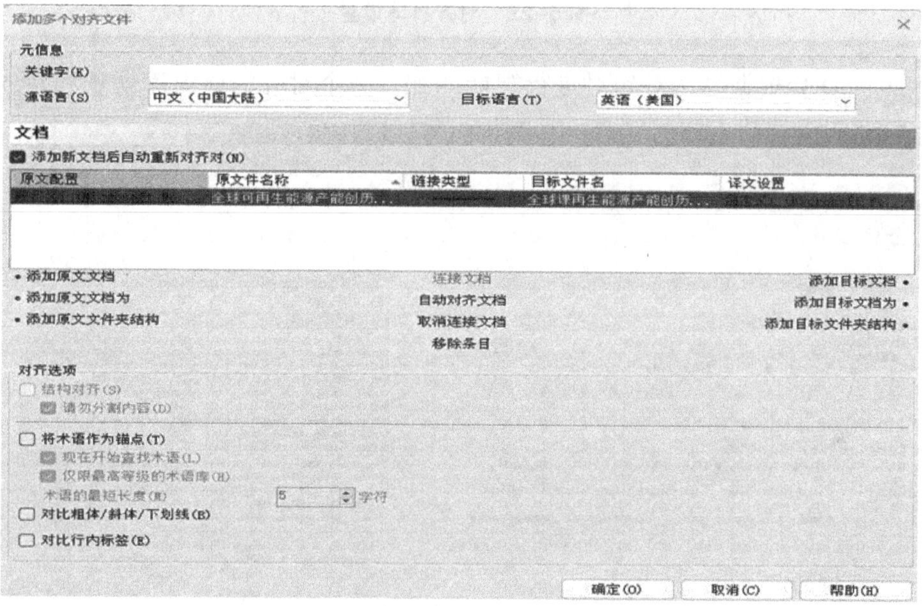

**图 6-21　添加对齐文件**

　　为了提高自动对齐的效果，在"添加多个对齐文件"对话框中务必勾选"将术语作为锚点""对比粗体 / 斜体 / 下划线"和"对比行内标签"，如图 6-22 所示。

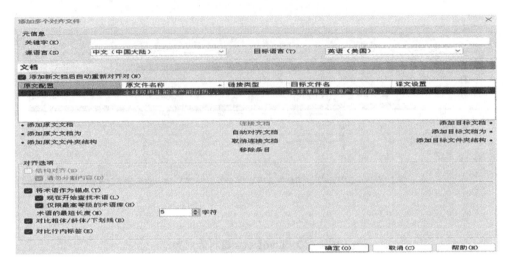

**图 6-22　对齐具体设置**

memoQ 会根据算法对句对进行智能匹配，一个对齐的语料库就顺利建成了（图 6-23）。

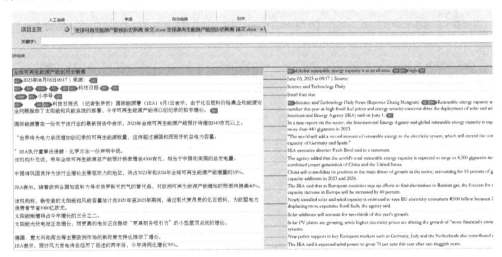

**图 6-23　对齐结果界面**

回到项目主页界面，打开待翻译文本，准备开始翻译，再次回到熟悉的翻译编辑器界面。

先不要急着翻译，单击"准备"功能区选项卡。在"准备"功能区上，单击"预翻译"。出现"预翻译和统计"窗口（图 6-24）。单击"良好 TM 或语料库匹配"按钮，点击"选择 TM 和语料库"，然后点击"确定"，这样新建的语料库就成为参考的翻译记忆库了。

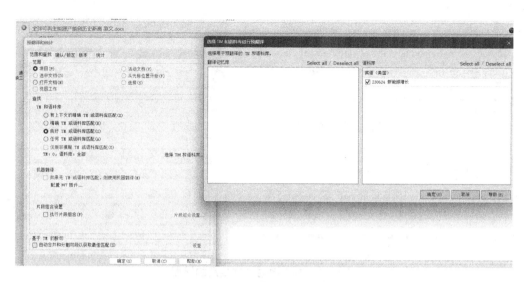

**图 6-24　在预翻译处添加语料库**

### （四）Tmxmall 的在线对齐功能

目前，绝大多数 CAT 软件都提供对齐工具。

在使用这些对齐工具进行对齐操作时，用户需要花费大量的时间对句子进行人工拆分或合并，相对烦琐，在使用时，没有返回上一步或者删除句段的选项，导出的文件类型较少。

Tmxmall 在线对齐操作简单，效率和质量也随之提高了不少，并且有许多功能设计得很贴心，比如语料去重、术语提取等。

（1）进入 Tmxmall 在线对齐页面，注册账号，如图 6-25 所示。

**图 6-25　进入网址注册账号**

（2）选择语言对，导入原文和译文对应的双文档/单文档，效果显示如图 6-26 所示。

**图 6-26　导入要对齐文档后的界面**

（3）段落对齐后，点击页面左上角的"对齐"，机器将自动进行句级调整，效果如图 6-27 所示。

**图 6-27　选择对齐后生成的对齐文本界面**

（4）运用页面上方的工具栏按照句级对齐的原则进行调整，最后导出文档为 TMX 文件格式或其他格式即可，如图 6-28 所示。

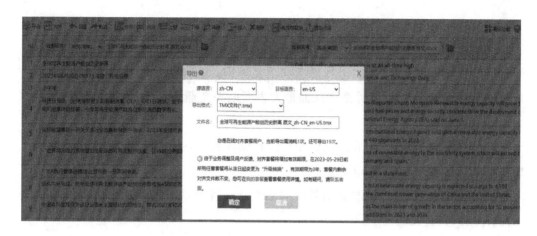

**图 6-28　导出对齐后的 TMX 格式文档**

Tmxmall 不但可以对齐双语对照文本，还可以对齐单文档。导入上下或左右对照的单文档，可以对内容进行编辑，按照上面的步骤，单文档的对齐也是轻而易举了。

Tmxmall 自主研发的智能对齐算法可以自动对齐原文及译文语料中"一对多或多对一"的句子，使得原本需要人工介入的连线调整工作完全被自动化程序替代，从而大幅降低人工干预的工作量，使对齐工作真正变得高效。

# 三、语料库技术与翻译记忆库

语料库技术和翻译记忆库是计算机辅助翻译（CAT）的两个主要组成部分，它们分别具有不同的特点和功能。

语料库技术通过对语料库进行处理、分析和检索，以发现和挖掘文本中的规律和趋势。

特点：

（1）广泛的覆盖范围：语料库可以涵盖多个领域、题材和文体，从而为研究者提供丰富的数据来源。

（2）可靠性：语料库的构建通常基于严格的质量标准，确保收集的文本具有较高的可靠性和代表性。

（3）可统计性：通过对语料库进行统计分析，可以发现潜在的规律和趋势，有助于对语言现象进行深入挖掘。

语料库技术广泛应用于语言学研究、教学、翻译等领域。它可以帮助人们获取大量数据，以分析某种语言表达的使用频率、规律和趋势。

翻译记忆库是指将已翻译的文本以原文和译文配对的形式存储起来，以便在将来翻译类似或相同文本时进行参考和重复使用。翻译记忆库技术的核心在于保存原文与译文之间的对应关系，从而最大程度地提高翻译效率。

特点：

（1）提高翻译效率：翻译记忆库可以帮助译者快速找到与当前翻译任务类似的翻译结果，从而提高翻译速度。

（2）翻译一致性：通过使用翻译记忆库，译者可以确保针对相同或相似文本的翻译结果具有较高的一致性。

（3）可重用性：翻译记忆库中保存的翻译结果可以不断更新和扩展，为以后的翻译项目提供持续支持。

翻译记忆库技术广泛应用于专业翻译领域，特别是在处理大量重复或类似文本的翻译任务时具有显著优势。许多计算机辅助翻译（CAT）工具都集成了翻译记忆库功能，如 Trados、memoQ 等。

语料库和翻译记忆库之间还是很密切的，句对齐的语料库事实上也可以直接作为翻译记忆库来辅助翻译，上一节提到的 memoQ、Trados 对齐工具，就是用了语料库的文本处理技术，使得已翻译的文本成为翻译记忆库的一个有机组成部分。

如果我们把两种文字或者收集来的语料经过比对后发现，都是讨论同一个领域的事情，或者同一个问题的事情，这样的语料库、双语料库，我们认为它就是一种可比语料库。如果是对应的文本，或者叫对齐的文本，我们管它叫作"平行语料库"或"双语平行语料库"。对我们翻译说来，句对齐的语料库是一个比较重要的一个语料库，因为这个句对齐的语料库事实上也可以直接作为翻译记忆库存在。

对翻译过程最有用的是单语语料库。基于译者的绝大多数都是单母语的事实，外语想达到跟母语一样的表达能力，是比较困难的。单语语料库，更严格地说，就是外语单语语料库。对翻译研究，或者说对翻译过程帮助是最大的，外语的单语语料库是相当重要的一个资源。如果有了语料库，一些辨析词典、语法规则书其实都不是那么的重要了。我们可以靠自己的分析，自行找到答案，速度并不慢，而且最准确，最可靠。

从翻译实践中我们认识到，一些在线的双语平行语料库、单语语料库，或者一些网页资料，都是广义上的语料库，从翻译的角度来看，它们也是广义的翻译记忆库。随着语料库技术和翻译记忆库技术的进一步融合、发展，新时代的计算机辅助翻译大有可为。

# 第七章　memoQ 翻译操作与实践

在百花齐放的 CAT 行业中，memoQ、Wordfast、OmegaT、Déjà Vu 等工具在国外同样有着较高的普及度。memoQ 是全球市场占有率第二、欧洲市场占有率第一、越来越受中国译者欢迎的主流 CAT 软件。本章是以 memoQ 9.3.7 版本为基础展开介绍。

## 一、memoQ 基本概况

memoQ 9.3.7 版与已有的 memoQ 系列软件大体上相同，但这个版本有自身不一样的平台和操作方式。

### （一）memoQ 简介

memoQ 是 Kilgray 翻译技术有限公司出品的一款计算机辅助翻译软件。Kilgray 翻译技术有限公司是一家专为语言服务行业提供语言技术的公司，也是一家主流计算机辅助翻译软件供应商。Kilgray 名称来源于公司创始人 BalázsKis、István Lengyel 和 Gábor Ugray 名字的缩写。公司成立于 2004 年，总部位于匈牙利。目前已有上千家翻译公司和企业使用 Kilgray 公司的翻译软件产品。memoQ 软件界面友好、功能强大、简单易用，分为译员专业版（Translator Pro）、项目经理版（Project Manager）和服务器版（memoQ Server）。

memoQ 软件提供了 10 种界面语言，包括中文、英语、日语、德语、法语、俄语、西班牙语等，集成了多个主流机器翻译引擎以及多个翻译记忆库和术语库插件。作为一款主流计算机辅助翻译软件，其项目管理功能、翻译记忆库管理功能、术语库管理功能、质量保证功能等一应俱全。另外，相较于其他计算机辅助翻译软件，memoQ 软件的语料库功能、动态对齐功能、项目备份与还原功能、版本历史功能、快照功能、网络搜索功能、视图功能、语言质量保证功能等也都非常有特色。

memoQ 界面友好，操作简单，将翻译编辑模块、翻译记忆库模块和术语库模块等统一集成在一个系统之中。此外，memoQ 也是集成外部翻译记忆库、术语库最全的一款翻译辅助软件。凭借外部海量语言资源的接入，极大地提高了辅助翻译的效率，成为计算机辅助翻译软件的新兴力量。

### （二）memoQ 的特色

相较于其他 CAT 软件，memoQ 具有不少特色功能，例如：语料库功能、视图功能、X-Translate 功能、片段提示功能、网络搜索功能、项目备份功能、版本历史功能、快照功能、单语审校功能、语言质量保证功能、语言终端功能、WebTrans 功能等。这些功能的熟练应用能够有效保证翻译项目的顺利完成。

## 二、memoQ 软件安装与界面设置

memoQ 桌面版只能在 Window 系统使用，MacBook 需要安装双系统后才能使用，或者可以使用 memoQ 云端工具。memoQ 对系统要求不算高，满足如下即可：

（1）Windows 7（with SP1 及以上版本）。

（2）Windows 8.1（Windows 8.1 更新：KB2919355）。

（3）Windows 10（年度更新：版本 1607 及更新版本）。

（4）memoQ 9.0 或以上版本仅兼容 64 位 Windows。

（5）MacBook 支持 memoQ 运行在 iMac 和 MacBook 电脑上的虚拟 Windows 机器（例如 VMWare Fusion 或 Parallels）上。

软件安装 4 步就搞定：

①选择相应版本，下载所需软件。注意：目前最新版本为 9.3，市场多用 8.7 或 8.3。

②联网等待系统更新（若需要）。注意：常见有 Microsoft.NET Framework 更新。

③安装完成，注册账号登录。注意：不注册账号，无法激活。注册账号登录

后可试用45天。

④设置软件语言，安装完毕。注意：软件默认安装语言为英文，路径为Option—Appearance—User Interface。界面语言想要设置成中文，在图7-1中选择中文简体就可以了。

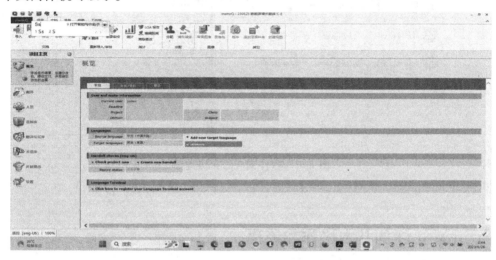

**图7-1　设置memoQ软件中文界面**

这是安装好了的软件的中文界面。

memoQ控制面板整体包含6个基本分区，4大常用功能，1个显著文件导入面板，如图7-2所示。

**图7-2　memoQ功能区界面**

支持的文本类型有十多种，如图7-3所示。

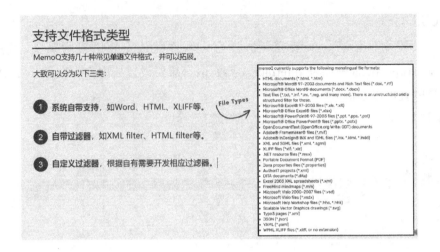

图 7-3　软件支持的文档类型

# 三、memoQ 的基本操作和流程

本节通过简单的案例展示 memoQ 软件的基本操作和流程。

## （一）新建项目

打开 memoQ 软件，单击图 7-4 中的"新建项目"或"新建项目（无模板）"。

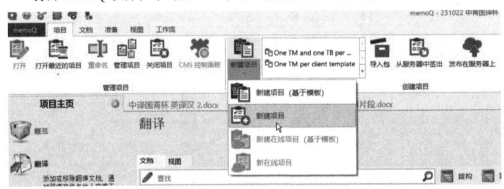

图 7-4　memoQ 软件界面

（1）填写项目信息，包括"名称""语言对""客户"等必填内容，然后指定"项目目录"（即项目文件存放的位置），设置"截止日期"，如图 7-5 所示。

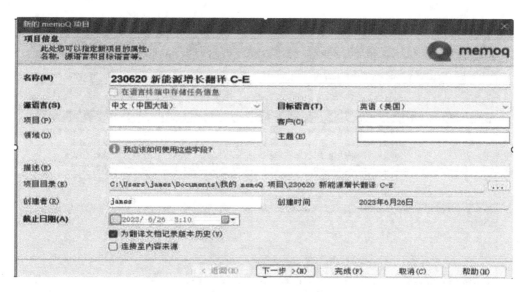

图7-5 填写项目信息

（2）单击"导入"，导入待译文档。导入后可以看到待译文档的名称、导入路径和导出路径，如图7-6所示。

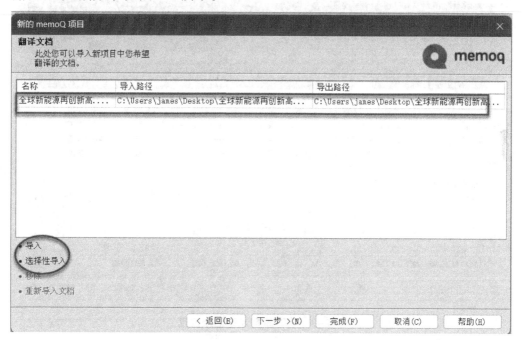

图7-6 导入待译文档

（3）单击"新建 / 使用新的"，创建一个翻译记忆库，如图7-7所示。在弹出的对话框中输入新翻译记忆库的"名称"，检查"源语言"和"目标语言"，指定新翻译记忆库的存放"路径",如图 7-8 所示。

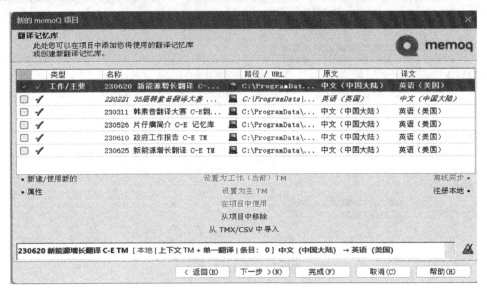

图 7-7　新建翻译记忆库

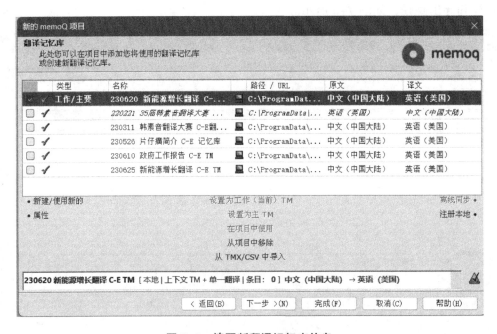

图 7-8　填写新翻译记忆库信息

（4）单击"新建/使用新的",创建一个术语库,如图 7-9 所示。在弹出的对话框中输入新术语。语库的"名称",指定新术语库的存放"路径",检查"源语言"和"目标语言",如图 7-10 所示。

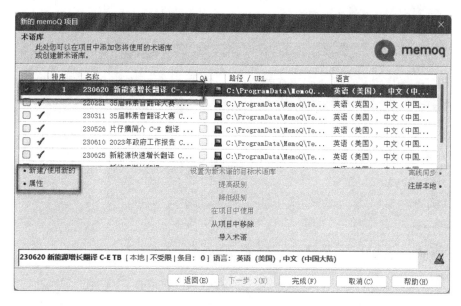

图 7-9　新建术语库

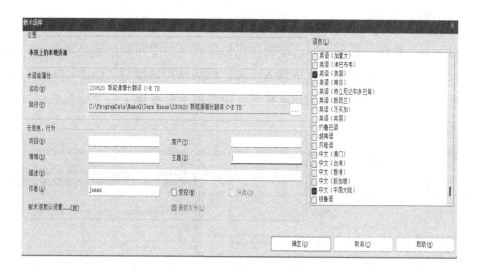

图 7-10　填写新术语库信息

## （二）翻译过程和方法

（1）在翻译视图的"文档"标签下可以看到刚刚导入的待译文档，选中该文档，然后单击功能区中的"翻译"图标或在待译文档上单击右键并从弹出的上下文菜单中选择"打开文档以翻译"，如图 7-11 所示。

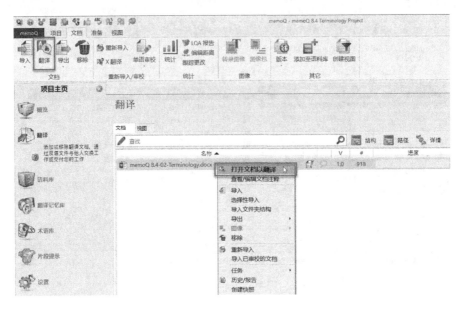

**图 7-11　打开文档进行翻译**

（2）在打开的 memoQ 编辑器中，左边是原文区，右边是译文区，下方是预览区，右上方是翻译结果显示区，即翻译记忆库和术语库匹配结果显示窗口。翻译时，只需要在对应的译文句段中输入译文，然后使用快捷键"Ctrl + Enter"确认翻译即可。此时，译文右侧的句段状态，由红色叉号变成了一个绿色的对号，如图 7-12 所示。

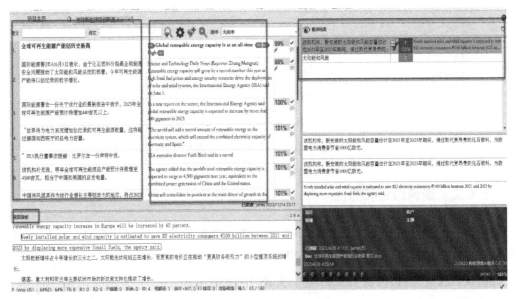

**图 7-12　memoQ 编辑器界面**

（3）原文第 2 个句段中有 4 个紫色的符号，它们是用来表示原文格式的"标签"（Tags），翻译时必须将这些紫色的标签添加到译文的适当位置。添加方法是：按下功能区中的"插入标签"图标，然后使用鼠标依次点击译文中需要添加标签的位置，就可以顺序添加标签，如图 7-13 所示。

**图 7-13　标签的处理**

（4）确认第 2 个句段的翻译之后，译文右侧的句段状态栏中出现了一个黄色的闪电图标，这个图标是警告信息，表示该译文存在问题。双击该闪电图标将弹出"警告"对话框，可以查看具体错误信息，并进行相应的修改，如果不是严重错误，也可以勾选"忽略"，如图 7-14 所示。

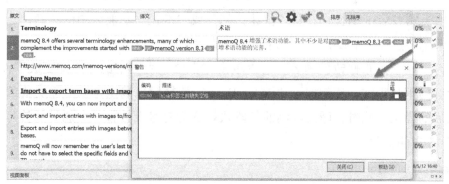

**图 7-14　警告信息的处理**

（5）按照上述方法将文档全部翻译完。确认最后一个句段的翻译之后，将弹出一个提示窗口，显示"本文档没有可跳转的匹配句段"。翻译完成的界面，如图 7-15 所示。此时，待译文档的翻译进度显示为 100%，如图 7-16 所示。

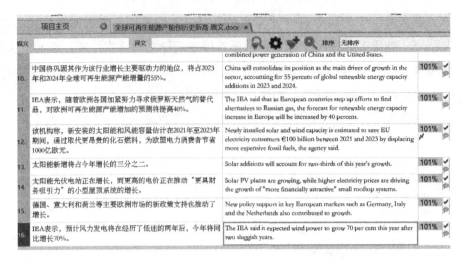

图 7-15　翻译完成的界面

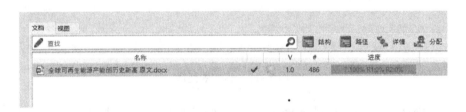

图 7-16　翻译进度 100%

## （三）翻译审校

（1）审校者 1 的操作：从"快速访问"或"审校"功能区中的"确认"图标下拉菜单中选择"审校者 1"，如图 7-17 所示。

　　为了显示编辑修改的内容，可以单击"审校"视图中的"跟踪更改"图标，然后开始审校译文，逐句按下"Ctrl + Enter"快捷键以确认正确的译文或编辑修改之后的译文。此时，译文右侧的句段状态变为对号上方带一个加号的符号，如图 7-18 右侧所示。

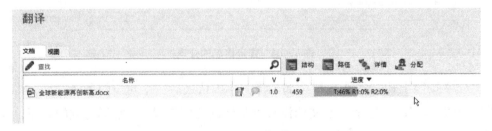

图 7-17　翻译进度

**图 7-18　审校者 1 跟踪更改时的句段状态**

（2）审校者 2 的操作：与审校者 1 的操作类似，从"快速访问"或"审校"功能区中的"确认"图标下拉菜单中选择"审校者 2"。同样可以激活"审校"视图中的"跟踪更改"图标。也是逐句按下"Ctrl + Enter"快捷键确认审校后的翻译，但"审校者 2"确认翻译之后的句段状态显示为 2 个对号，如图 7-19 所示。

**图 7-19　审校者 2 跟踪更改时的句段状态**

审校者 1 和审校者 2 审校完成之后，待译文档的一审和二审的进度均显示为100%，如图 7-20 所示。

**图 7-20　审校者 1 和审校者 2 的审校进度**

## （四）导出译文

转到翻译视图，选中已经翻译完成的文档，在文档功能区中的"导出"下拉菜单中单击"导出（存储路径）"，如图 7-21 所示。默认导出的译文存放在与原文相同的位置。文档名称与原文相同并添加了目标语言编码，如图 7-22 所示。

图 7-21　导出译文

至此，我们完成了一个翻译任务，即从新建项目，包括导入待译文档、新建翻译记忆库、新建术语库，到翻译、一审和二审，直至导出译文的一系列过程（其中还包括标签的处理、警告信息的处理等）。

实操中涉及的项目文件全部存放在 memoQ 9.3.7 Terminology 技术实操文件夹中，如图 7-22 所示。

| | | | | |
|---|---|---|---|---|
| 全球可再生能源产能创历史新高 TM | 2023/6/21 16:35 | Translation Me... | 6 KB |
| 全球可再生能源产能创历史新高 原文 | 2023/6/20 0:42 | Microsoft Word ... | 14 KB |
| 全球可再生能源产能创历史新高 原文_en... | 2023/6/26 4:40 | Microsoft Word ... | 12 KB |
| 全球课再生能源产能创历史新高 译文 | 2023/6/24 23:58 | Microsoft Word ... | 16 KB |

图 7-22　导出的译文

# 四、memoQ 翻译的重要技巧和操作

## （一）译前提取重复句段并锁定

使用 memoQ 软件，可以通过"视图"功能提取重复句段。首先在"翻译"视图的"文档"标签下选中需要提取重复句段的文档，然后单击"文档"功能区中的"创建视图"图标。

在弹出的"创建视图"对话框中输入"视图名称"并勾选"提取重复内容"，如图 7-23 所示。

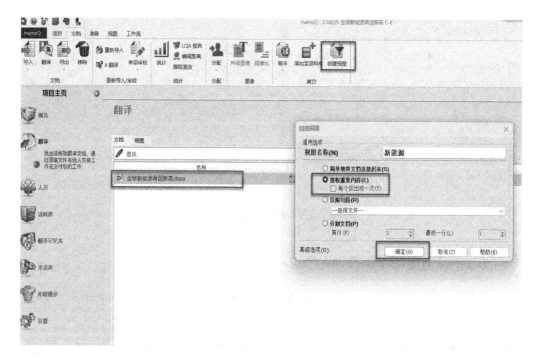

**图 7-23　重复句段提取**

可以在翻译视图的"视图"标签下看到提取的重复句段文档，选中该文档，然后单击"准备"功能区中的"锁定 / 解锁句段"图标，如图 7-24 所示，就可以将重复句段全部锁定。

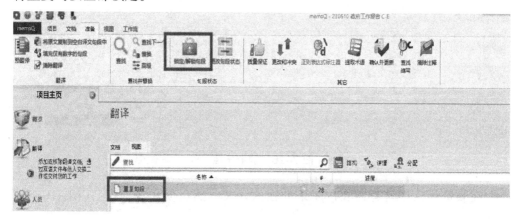

**图 7-24　重复句段视图**

锁定的重复句段，如图 7-25 所示，可以再次单击"锁定 / 解锁句段"图标进行解锁。

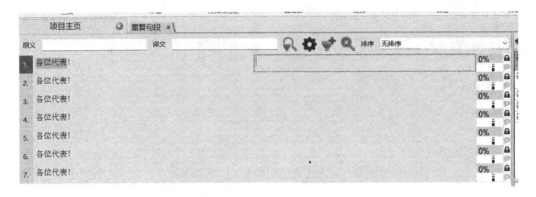

图 7-25　锁定的重复句段

## （二）译前提取术语并导入术语库

选中需要提取术语的文档，然后单击"准备"功能区中的"提取术语"图标，如图 7-26 所示。

在弹出的"提取候选"对话框中输入"会话名称"，选择"停用词表"，其他保持默认即可，如图 7-27 所示。

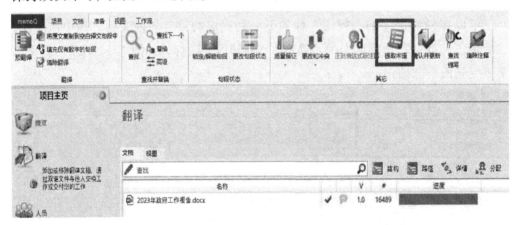

图 7-26　提取术语

在候选词当中选择需要的术语并输入译文，然后使用快捷键"Ctrl + Enter"接受为术语。

可以单击"现在重新排序"将接受的术语排到最前面，还可以为术语添加"原文示例"，最后单击功能区中的"导出至术语库"图标就可以将选中的术语导入项目的术语库中，如图 7-28 所示。

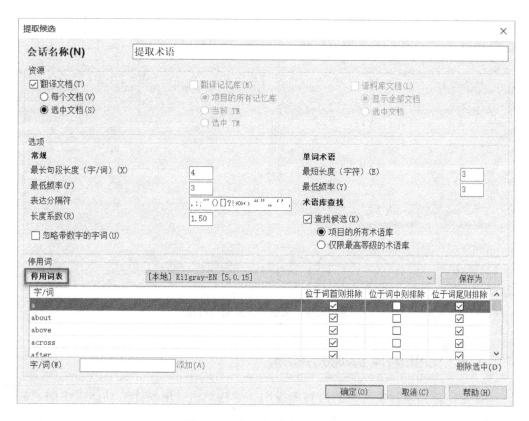

图 7-27　提取候选术语对话框

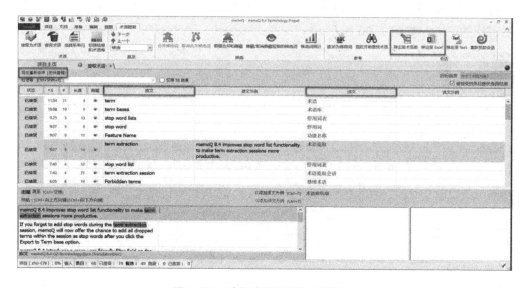

图 7-28　选择术语并添加术语译文

提取的术语导入术语库的效果，如图 7-29 所示。

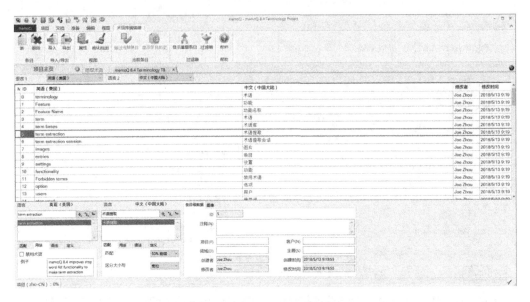

图 7-29　术语导入术语库效果

## （三）使用语料库与动态对齐功能

首先，转到项目主页下的语料库视图，然后单击"语料库"功能区中的"新建 / 使用新的"图标，新建一个语料库。单击"语料库"功能区中的"添加对齐对"图标，分别添加原文文档和目标文档，确定之后，对齐文档对就会出现在新建的语料库的下方，如图 7-30 所示。

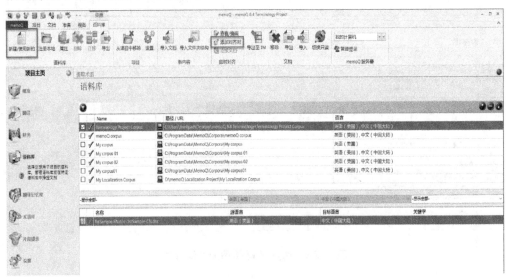

图 7-30　在语料库中添加对齐文档对

为了保证自动对齐的效果，在"添加多个对齐文件"对话框中务必勾选"将术语作为锚点""对比粗体／斜体／下划线""对比行内标签"，如图7-31所示。

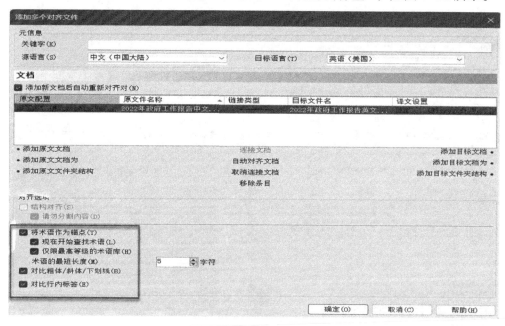

**图7-31　勾选对齐选项**

这样在memoQ的编辑器界面进行翻译时，语料库中的自动文档对就可以像翻译记忆库一样提供匹配结果供参考，如图7-32所示。

**图7-32　语料库匹配效果**

如果匹配的译文不正确，可以右键单击翻译结果中匹配的句段，并从上下文菜单中选择"显示文档"，打开 memoQ 的对齐编辑器进行调整，如图 7-33 所示。

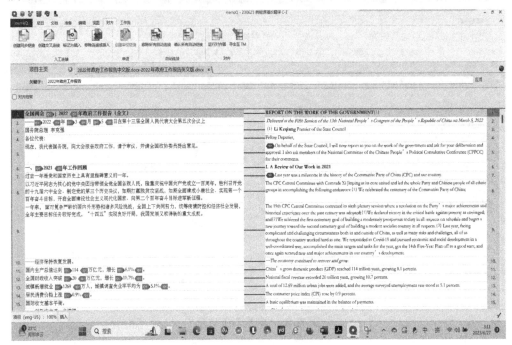

图 7-33　memoQ 对齐编辑器

这就是 memoQ 的语料库和动态对齐的使用技巧，基本思路：

直接在语料库中添加对齐文档对，通过术语、文本格式、行内标签等功能提高自动对齐的效果，无须导入翻译记忆库就可以在翻译时提供匹配，如果匹配的译文不正确，可以打开对齐编辑器进行编辑修改。

这个功能可以非常方便地复用之前翻译的内容，也可以大大节省译前人工对齐语料耗费的时间。

### （四）删除翻译记忆库中的重复句段

删除翻译记忆库中的重复句段俗称"翻译记忆库去重"。在 memoQ 中可以这样处理：

选中需要去重的翻译记忆库，右键单击并从弹出的上下文菜单中选择"编辑"，在随后弹出的"过滤和排序"对话框中直接点击"确定"就打开了"翻译记忆库编辑器"界面。单击功能区中的"移除重复条目"图标，如图 7-34 所示。

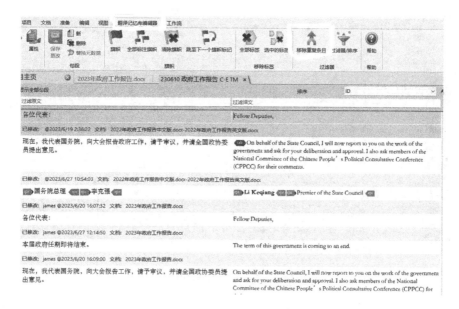

**图 7-34 翻译记忆库编辑器**

在打开的"重复条目过滤器"对话框中进行选择或直接点"确定",如图 7-35 所示。

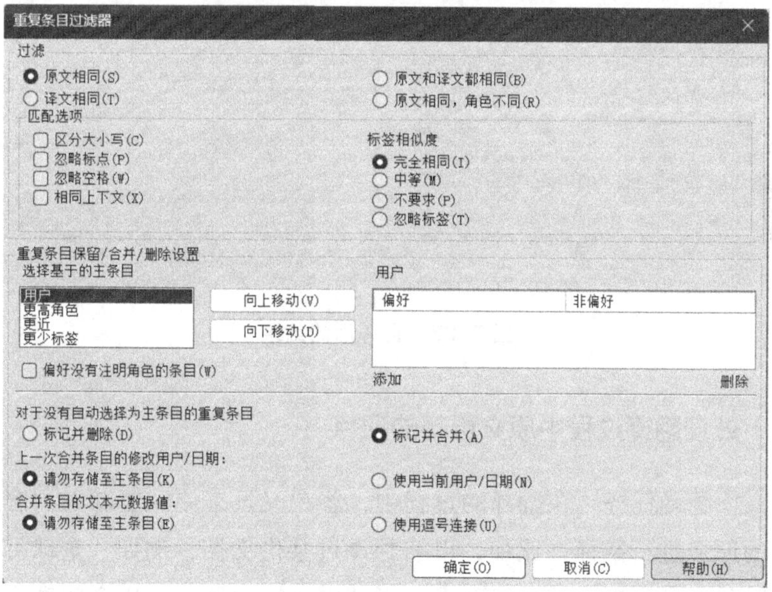

**图 7-35 重复条目过滤器**

将筛选出的重复条目分别全选,然后单击功能区中的"合并当前"图标进行合并,如图 7-36 所示,最后点击功能区中的"保存更改"即可,如图 7-37 所示。

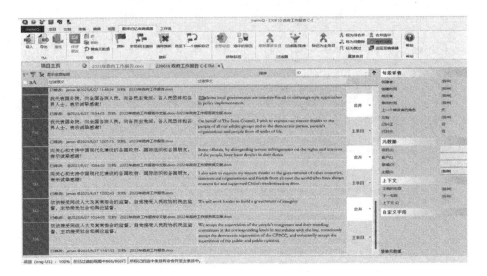

图 7-36　合并重复句段

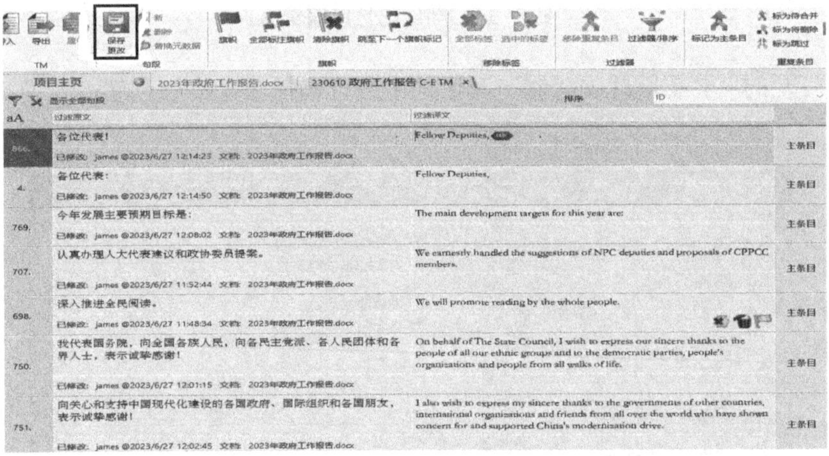

图 7-37　合并后的结果

## （五）处理翻译过程中原文更新的项目

接受一项翻译任务，在翻译的过程中，客户又发来原文更新的内容，要求按照新发送的原文进行翻译。比如，以前翻译过某份文档，例如"全球可再生能源再创新高"的文章，现在客户又要求翻译"国际能源署：去年全球碳排放量创历史新高"的文章。这两种类型的项目，无论对于自由译者还是翻译公司来说都不陌生。使用 memoQ 软件可以这样处理：在"文档"功能区单击"重新导入"图标，如图 7-38 所示。

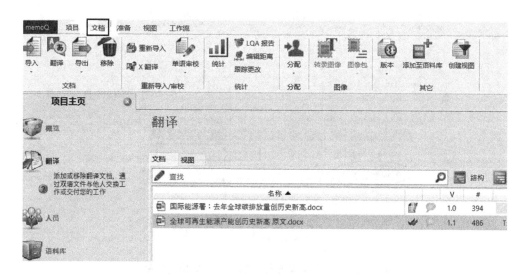

图 7-38　导入文档

添加更新后的原文，确保"文档导入选项"对话框中的"操作"选项是"重新导入"，如图 7-39 所示。

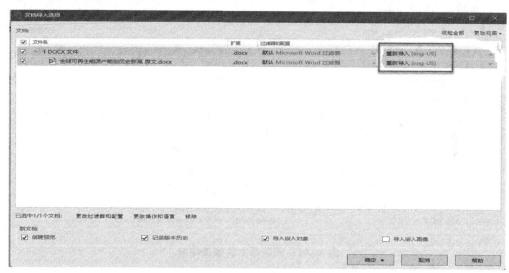

图 7-39　重新导入文档

导入之后文档名没变，但文档的版本号从 1.0 变成了 2.0。

单击"文档"功能区中的"X 翻译"图标，在弹出的"X 翻译单个文档"对话框中选择"项目中更新"，使用的翻译来自"重要版本 1"（原文文档版本称为"重要版"），如图 7-40 所示。

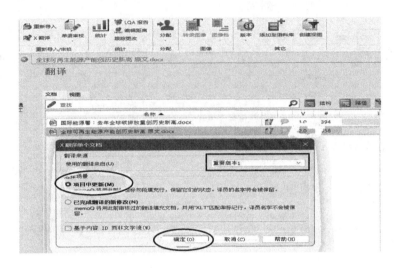

**图 7-40　文档版本号及 X 翻译单个文档对话框**

结果是已翻译的内容全都更新到了刚导入的新版原文中，如图 7-41 所示。

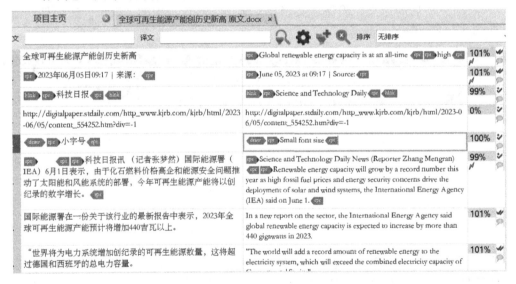

**图 7-41　新版原文的翻译情况**

## （六）进行项目的备份与还原

有时我们需要将某个翻译项目从一台电脑转到另一台电脑。复制项目文件，然后到新电脑打开项目时往往会出现这样或那样的问题。使用 memoQ 软件进行项目备份与还原的正确方法是：在"控制面板"界面"项目管理"，选择需要备份的项目，然后单击功能区中的"备份"图标，如图 7-42 所示。

**图 7-42　项目备份与还原**

在"备份选中项目"对话框中，可以选择将项目备份到本地电脑或备份到语言终端，或者是两个地方同时备份，如图 7-43 所示。

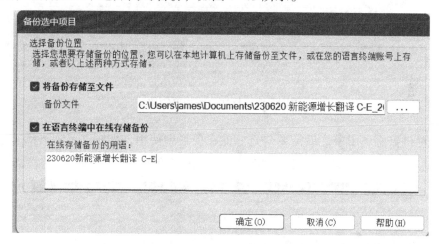

**图 7-43　memoQ 翻译项目备份**

在另一台电脑上，单击"还原"图标，就可以从本地电脑或语言终端还原之前备份的翻译项目了。这样备份和还原项目极少出错，还可以在还原项目时实现翻译内容的更新。需要注意的是：备份和还原项目需使用同一个 memoQ 版本来完成，例如都使用 memoQ 9.3.7 版完成。

### （七）添加机器翻译引擎

memoQ 集成了十多个主流机器翻译引擎和多个翻译记忆库插件。在翻译项目中，转到"项目主页"下方的"设置"，单击"MT 设置"图标，勾选下方的"Machine Translation（机器翻译）"，然后单击下方的"编辑"，就可以对机器翻译引擎进行配置了，如图 7-44 所示。

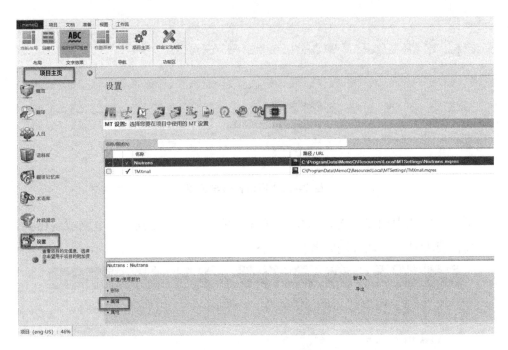

图 7-44　打开机器翻译设置

　　配置机器翻译引擎之后需要勾选才能在项目中使用，如图 7-45 所示。具体在什么情况下使用机器翻译，可以在图 7-46 中进行设置。

图 7-45　编辑机器翻译设置

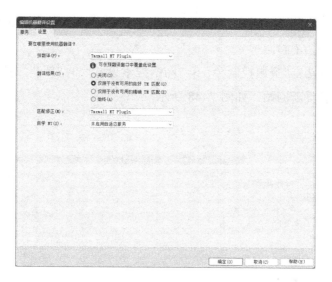

图 7-46　设置机器翻译应用场景

memoQ 软件中的翻译记忆库插件可以在"选项">"TM 插件"中查看并进行设置，如图 7-47 所示。

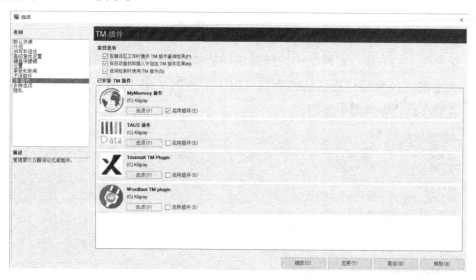

图 7-47　memoQ 的翻译记忆库插件

## （八）设置网络搜索

翻译离不开网络搜索，背景知识、专业知识、术语翻译、词汇查询等都需要上网查询。但使用 CAT 软件的同时，再在浏览器中打开一个一个的网页似乎不是很方便。其实，使用 memoQ 软件，可以将常用的网站添加到"资源控制台"的

"memoQ 网络查找"中。点击软件界面顶上的快速访问工具栏的第四个图标，就到"资源控制台"了。

设置操作方法："资源控制台">"网络搜索设置">"新建"搜索名称>"编辑"即新增和设置新网站，如图7-48所示。

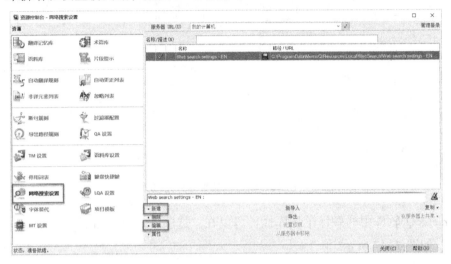

**图7-48　网络搜索设置**

新增网站的方法：在网站中进行某单词的查询，获得网址，然后使用 {} 作为查找文本的占位符替代查询的内容就可以了，如图7-49所示。添加之后需要勾选，才能在翻译编辑器中使用。

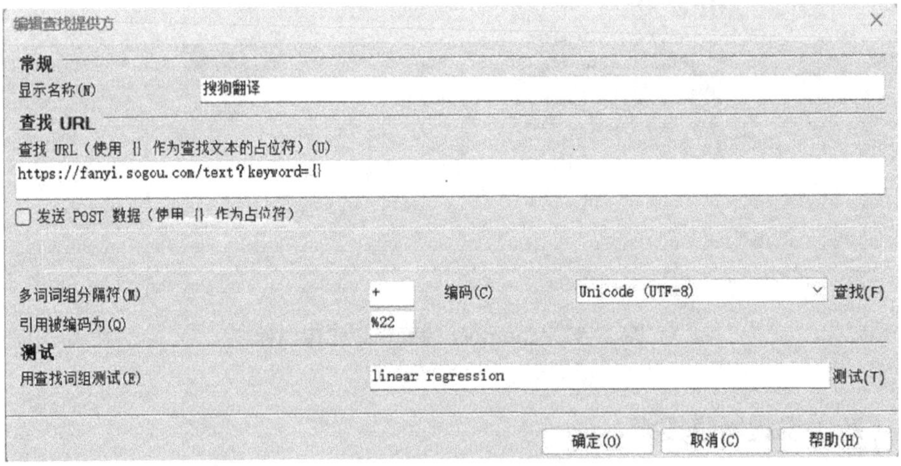

**图7-49　添加新查询网站**

在 memoQ 翻译编辑器中可以选择任意单词或内容，右键单击并从上下文菜单中选择"memoQ 网络查找"，如图 7-50 所示，然后"memoQ 网络搜索"的界面就打开了，可以点击标签打开不同的网站查看查询结果，如图 7-51 所示。

**图 7-50　memoQ 网络查找**

**图 7-51　memoQ 网络查找结果窗口**

这个查找结果窗口可以拖放到另一个显示器上，效果更佳。

## （九）进行外部审校

memoQ 提供了两种外部审校方法：导出双语（Export Bilingual）和单语审校（Monolingual Review）。导出双语，即双语审校，具体操作如下：

在翻译视图中，选中需要进行外部审校的文档，然后单击"文档"功能区中的"导出">"导出双语",如图 7-52 所示。

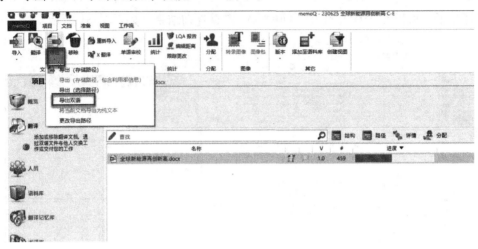

**图 7-52　导出双语**

在弹出的"双语导出向导"对话框中选择"两栏 RTF",如图 7-53 所示。然后直接点击"导出"。

**图 7-53　选择两栏 RTF**

在 Microsoft Word 中打开的双语文档如图 7-54 所示。审校时,可以激活 Word 的"修订"功能。审校结束,可以直接关闭该文档。

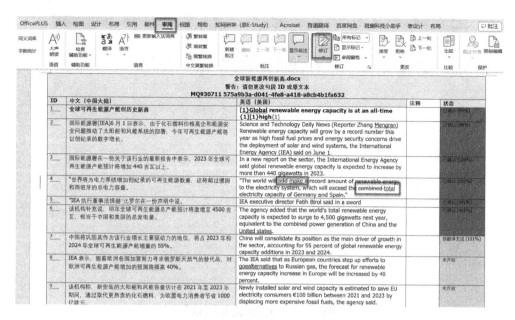

图 7-54　双语审校

将双语审校的译文更新到项目中的操作：单击"文档"功能区中的"导入"，如图 7-55 所示。然后添加审校之后的双语文档，"文档导入选项"对话框中"操作"的内容是"更新"，为了直观地看到审校的内容，可以勾选下方的"将编辑导入为已跟踪的更改"，如图 7-56 所示。

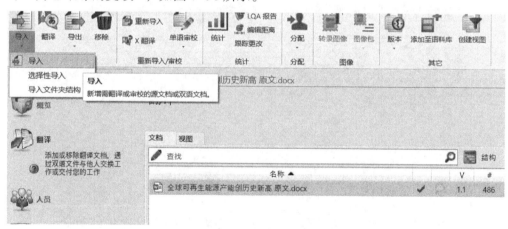

图 7-55　导入审校之后的双语文档

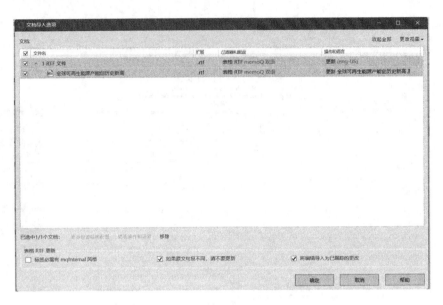

**图 7-56　设置文档导入选项**

从"文档导入/更新报告"对话框中可以看到具体更新了几个句段，如图 7-57 所示。

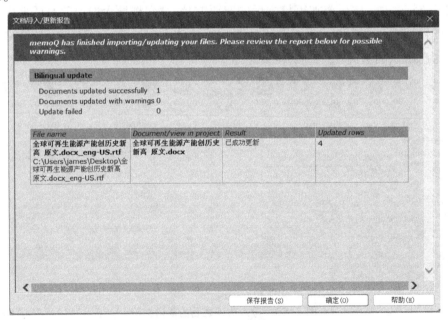

**图 7-57　文档更新报告**

更新之后的译文如图 7-58 所示，可以通过"审校"功能区中的"显示更改"显示更改的译文或最终的译文。

memoQ
项目
文档
准备
翻译
审校
编辑
视图
工作流
快速访问
标记文本
注释
质量保证
错误和警告
拒绝
应用自动更正
忽略
上一个
下一步
刷新数据
隐藏已忽略条目
隐藏警告
导出报告
行历史
复原至最早版本
比较版本
跟踪更改
显示更改
接受
下一步
注释和验证
质量保证
解决错误和警告
历史
跟踪
项目主页
全球可再生能源产能创历史新高 原文.docx
原文
译文
排序
无排序
2023年06月05日09:17 | 来源：
June 05, 2023 at 09:17 | Source:
科技日报
Science and Technology Daily
小字号
Small font size
科技日报讯（记者张梦然）国际能源署（IEA）6月1日表示，由于化石燃料价格高企和能源安全问题推动了太阳能和风能系统的部署，今年可再生能源产能将以创纪录的数字增长。
Science and Technology Daily News (Reporter Zhang Mengran) Renewable energy capacity will grow by a record number this year as high fossil fuel prices and energy security concerns drive the deployment of solar and wind systems, the International Energy Agency (IEA) said on June 1.
国际能源署在一份关于该行业的最新报告中表示，2023年全球可再生能源产能预计将增加440吉瓦以上。{1}　“世界将为电力系统增加创纪录的可再生能源数量，这将超过德国和西班牙的总电力容量。
In a new report on the sector, the International Energy Agency said global renewable energy capacity is expected to increase by more than 440 gigawatts in 2023.{1}　"The world will add a record amount of renewable energy to the electricity system, which will exceed thesurpassthe combined electricity capacity of Germany and Spain."
”IEA执行董事法提赫·比罗尔在一份声明中说。
IEA executive director Fatih Birol said in a statement.
该机构补充说，明年全球可再生能源总产能预计将激增至4500吉瓦，相当于中国和美国的总发电量。
The agency added that the world's total renewable energy capacity is expected to surge to 4,500 gigawatts next year, equivalent to the combined power generationgenerating of China and the United States.
90%
0%

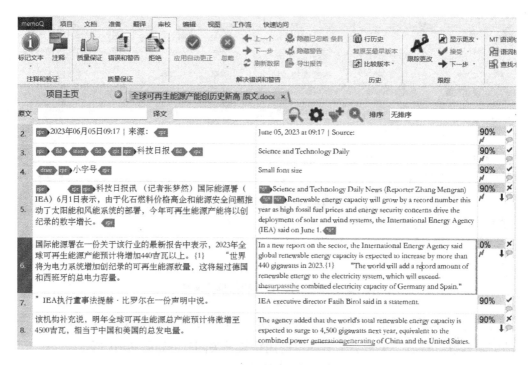

图 7-58　更新之后的译文

单语审校，其实就是对于导出译文的编辑修改。单语审校只适合微调，不适合像合并或拆分句子或段落的大刀阔斧修改。具体操作如下：

打开导出的译文，激活 Microsoft Word 的“修订”功能，然后从语言风格和措辞方面进行编辑、修改，如图 7-59 所示。

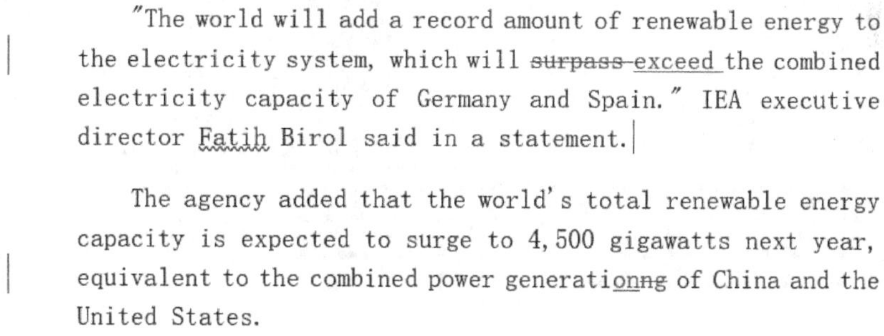

"The world will add a record amount of renewable energy to the electricity system, which will surpass exceed the combined electricity capacity of Germany and Spain." IEA executive director Fatih Birol said in a statement.
The agency added that the world's total renewable energy capacity is expected to surge to 4,500 gigawatts next year, equivalent to the combined power generationng of China and the United States.

图 7-59　译文编辑审校情况

在翻译视图下，依次单击“文档”功能区中的“单语审校”>“导入已审校的文档”，如图 7-60 所示。

图 7-60　导入已审校的单语文档

　　然后添加审校后的译文，单语审校编辑器打开，可以查看并调整对译文进行的编辑修改。最后，单击右上方的"应用审校并关闭"，如图 7-61 所示。

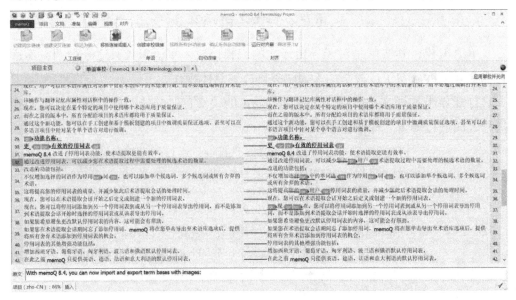

图 7-61　单语审校编辑器

　　在随后弹出的对话框中，可以看到译文更新的具体信息，如图 7-62 所示。

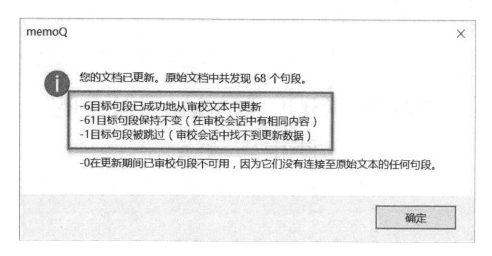

图 7-62　单语审校更新信息

在编辑器中更新译文的效果如图 7-63 所示。

图 7-63　更新之后的译文

# 第八章 SDL Trados 2021 的使用与翻译

Trados 是当今知名的翻译软件，其公司在 1984 年成立于德国斯图加特。"Trados"取自三个英语单词：Translation、Documentation 和 Software。其中，在"Translation"中取了"TRA"三个字母，在"Documentation"中取了"DO"两个字母，在"Software"中取了"S"一个字母。

公司在 20 世纪 80 年代后期开始研发翻译软件，并于 20 世纪 90 年代前期发布了自己的第一批 Windows 版本软件：1992 年的 MultiTerm、1994 年的 Translator's Workbench。1997 年，得益于微软采用塔多思进行其软件的本土化翻译，公司在当时已成为桌面翻译记忆软件行业领头羊。Trados 在 2005 年 6 月被 SDL 收购。

## 一、界面概述及功能模块介绍

Trados 是桌面级计算机辅助翻译软件，基于翻译记忆库和术语库技术，为快速创建、编辑和审校高质量翻译提供了一套集成的工具。超过 80% 的翻译供应链采用此软件，它可将翻译项目完成速度提高 40%。

### （一）Trados2021 软件概述及安装

Trados 软件主要由 SDL Trados Studio、SDL MultiTerm 和相关软件组成。

SDL Trados Studio：SDL Trados Studio 是供翻译人员使用的桌面工作环境，在它的辅助下，翻译人员能够快速、准确地完成日常翻译中的大部分任务，大幅提升工作效率和翻译产出。

SDL MultiTerm：SDL MultiTerm 是与 SDL Trados Studio 无缝集成的专业术语管理工具，它能最大程度地帮助翻译人员，在翻译过程中快速访问术语信息，从而保证术语使用的准确性。其中，MultiTerm Convert 插件可以方便地将企业现有的术语表转换成 MultiTerm 术语库。

WinAlign：通过使用 Trados 资源回收工具 WinAlign，对企业原来已翻译过的原文和译文进行匹配，实现对用户旧有翻译资源成果的回收，从而创建翻译记忆库。

AutoSuggest：是迄今为止唯一能够实现子句段匹配查询的产品化的创新技术，它能在输入翻译文本时，根据输入的前几个字符自动提供可能的整段文字，供用户参考，该功能不仅可以支持翻译记忆库的内容，而且可以支持术语库、自定义文本段等内容。该功能将在现有的高效编辑工具基础上，再次大幅提升翻译人员的工作效率。

Extract：提供了从现有文档中自动抽取术语的解决方案。候选术语抽取后，经术语专家审校，便可导入 SDL MultiTerm 术语库。利用该工具，可以极大地节省手工挑选术语的时间，从而加快项目进度。

（1）软件安装系统要求：为了获得最佳性能，SDL 建议使用 64 位操作系统，带双核或多核技术的新处理器 16GB RAM 和 SSD 存储，最新 Intel 或兼容的 CPU。

支持的操作系统：SDL Trados Studio 2021 在最新版本的 Windows 10 和最近更新版本的 Windows 8.1 上运行。

（2）文件类型支持：用户将能够处理 Microsoft Word、IDML、HTML、XML 和 InDesign 文件类型中的表情符号，这是 Trados Studio 中使用的最流行的过滤器，随着时间的推移，还会有更多。

此外，Trados Studio 和 Trados Live 均支持 Memsource 这款文件类型。使用这种文件类型，用户将能够像往常一样在 Trados 中进行翻译，并且当他们将文件重新导入 Memsource 时，可翻译文件中的所有元数据（如翻译状态以及拆分和合并的句段）都将被保留。

其他支持的常见文件类型如表 8-1 所示。

表8-1  Trados 支持文档格式

| Office 格式 | Microsoft Word（2000 - 2019） |
| --- | --- |
| | Microsoft PowerPoint（XP ～ 2019） |
| | Microsoft Excel（2000 ～ 2019） |
| | Microsoft Visio |
| | OpenOffice |
| | 不兼容 WPS |
| 桌面发布格式 | Adobe FrameMaker（MIF 文件，版本八和更高版本） |
| | Adobe InDesign（CS2，CS3，CS4，CS5，CS6，CC INX 和 IDML 文件） |
| | Adobe InCopy |
| | QuarkXPress（通过 SDL Trados 2007） |
| | Interleaf / QuickSilver（通过 SDL Trados 2007） |
| | PageMaker（通过 SDL Trados 2007） |
| 软件 | Java 资源 |
| | DLL、EXE 可执行文件（通过 SDL Passolo） |
| | Microsoft .NET 资源 |
| 标记格式 | HTML |
| | 自定义 XML |
| | XLIFF |
| | 符合 OASIS 的 DITA、DocBook 和 W3C ITS 的 XML |
| 纯文字格式 | 分隔的文本文件 |
| | 通过可自由定义的正则表达式过滤器定制文本格式 |
| 双语格式 | PDF |
| | DOC / X（SDL Trados） |
| | TTX（SDL Trados） |
| | ITD（SDLX） |
| | SDLXLIFF |

（3）SDL Trados Studio 安装步骤：联网或者提前下载好 Microsoft.Net Framework；先安装 Trados Studio，再安装 Multiterm；首次登录填写注册信息；

登录后更改用户语言界面 View User Interface Language，重启后生效。

　　解压后双击"SDLTradosStudio2021_16.0.0.2838.exe"，再点击"Accept"，如图 8-1 所示。

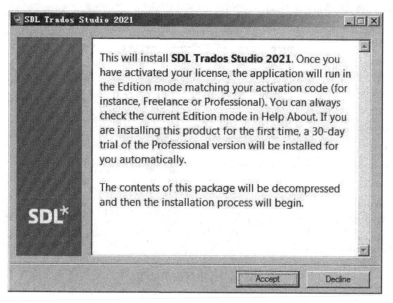

图 8-1　软件解压

开始提取安装包，见图 8-2。

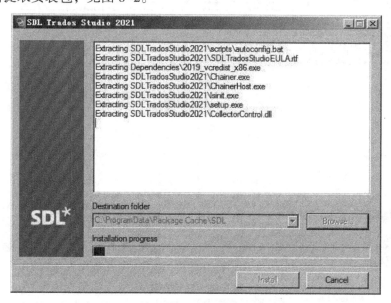

图 8-2　提取安装包

接着出现软件的许可协议，在"I accept..."前打钩，见图 8-3。

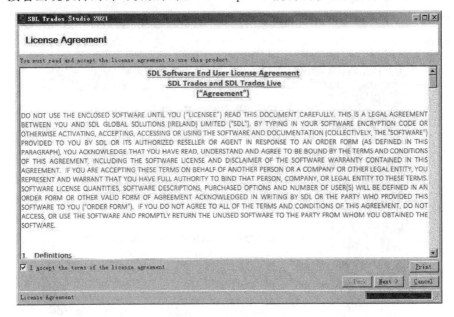

图 8-3　接受安装协议

然后就开始 Trados Studio 2021 的安装了，见图 8-4。

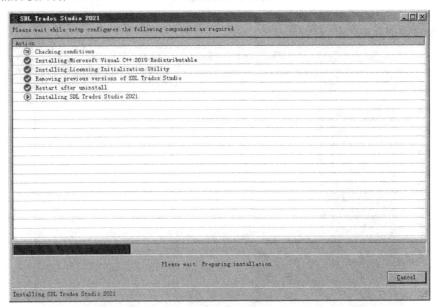

图 8-4　开始安装

提示软件安装完成，点击"确定"，见图 8-5。

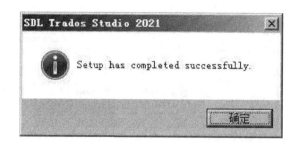

**图 8-5 Trados 安装完成**

如果没有其他安装要求，就可以运行 Trados Studio 2021 了。

## （二）SDL Trados Studio 2021 用户界面概览

所有的工具在同一平台，编辑、审校、术语管理和项目管理都在一个统一的环境中，可根据不同文本的需求做全局设置管理，如图 8-6 所示。

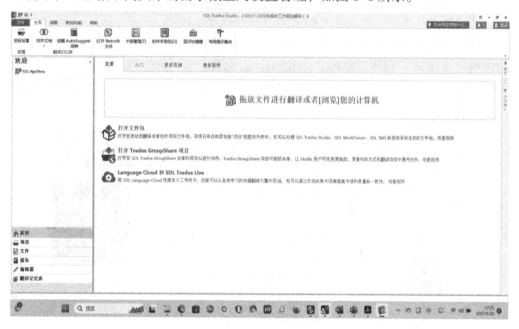

**图 8-6 主界面**

SDL Trados Studio 主界面将 5 大主要功能展现在不同区域，如图 8-7 所示。

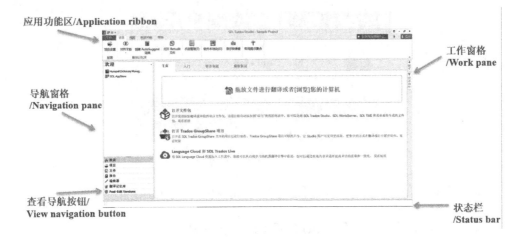

应用功能区/Application ribbon

导航窗格/Navigation pane

查看导航按钮/View navigation button

工作窗格/Work pane

状态栏/Status bar

**图 8-7　主要功能区**

## （三）SDL Trados Studio 2021 功能模块介绍

SDL Trados Studio 2021 继承了以往产品的功能，翻译任务主要通过以下几个功能模块来完成：翻译记忆库、AutoSuggest 词典、术语库、双语参考文件。它们通过各自不同的工作方式和途径让计算机辅助翻译完成得更快速、高效。具体的表现见图 8-8。

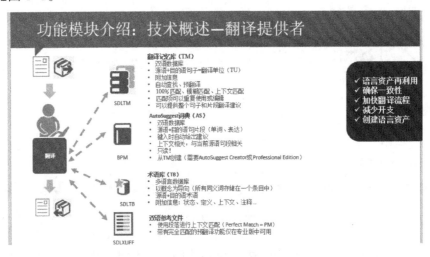

**图 8-8　功能介绍**

几个要素协同工作，对翻译的项目文档提供参考和建议，让译者在轻松之中对翻译的内容提出合理的译文。几大功能模块的协同配合是项目完成的必要保证（图 8-9）。

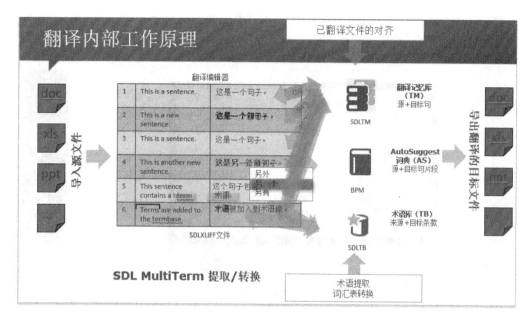

图 8-9　翻译内部工作原理

　　这些功能模块不仅给译者提供翻译译本的选择，也对翻译的流程和过程也有很大的影响（图 8-10），让翻译的过程顺畅，还可以反复进行。

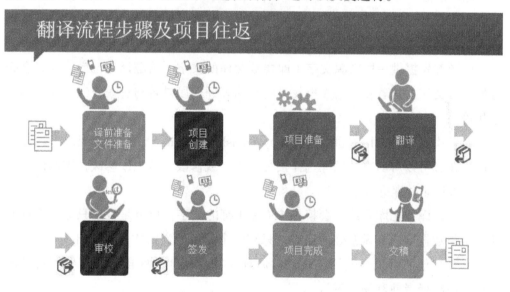

图 8-10　翻译流程图

　　10 步之内，翻译就能轻松完成，可以说 Trados 的几大功能模块让高效翻译不是梦（图 8-11）。

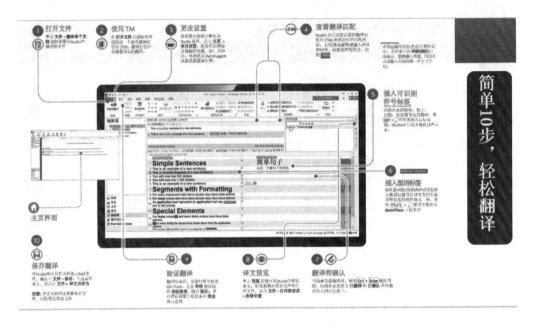

图 8-11　翻译操作 10 步骤

### 1. SDL TM 翻译记忆库

翻译记忆（也称翻译内存、翻译记忆库，Translation Memory，缩写为 TM）是电脑程序软件的数据库，用来辅助人工翻译。有些使用翻译记忆库的软件也常被称为 TMM（Translation Memory Managers）。

译者首先提供一段来源文字（即要被翻译的文字）给翻译记忆库，程式会先分析这段文字，试着在数据库里找寻既有的翻译区段是否与过去曾经翻译过的文字相符。

如果找到相符的旧有翻译（Legacy Translation Pairs），则会呈现出来给译者检阅。译者可以对旧有的翻译选择接受、拒绝或修改。若加以修改，则修改的版本也会被记录并存进数据库里。

某些翻译记忆库系统只会搜寻 100% 相符的文字，也就是说这只会将新的来源文字与数据库内的做精确的比对，只有完全相符的资料才会被提出。

也有其他的系统会使用模糊比对原理来找寻相似的区段，并且会用特别的标记呈现给译者使其易于辨认。

很重要的是，一般的翻译记忆系统只会从其数据库里搜寻来源语言。

SDL TM 翻译记忆库有一些具体的功能和特色，如图 8-12 所示。

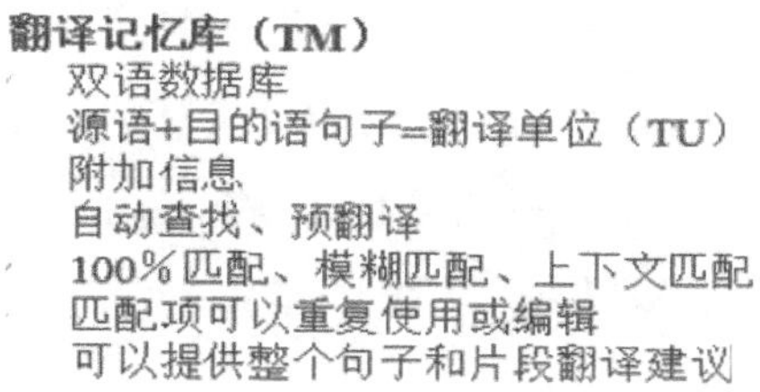

**翻译记忆库（TM）**
双语数据库
源语+目的语句子=翻译单位（TU）
附加信息
自动查找、预翻译
100％匹配、模糊匹配、上下文匹配
匹配项可以重复使用或编辑
可以提供整个句子和片段翻译建议

**图 8-12　Trados 翻译记忆库的特色**

SDL TM 翻译数据库能够建立以前翻译内容的语言数据库，并确定可重复使用的内容。在使用本软件工作时，它将自动提出建议的可重复使用的内容，因此相同的句子无须再次进行翻译。无须进行新的翻译。SDL TM 能够应用人工智能，提出建议的最佳匹配翻译，以便重复使用。

SDL TM 可以使某位翻译人员处理新内容，其他翻译人员处理不完全匹配的新文本。SDL TM Server 可以共享在线翻译记忆库并利用其他翻译人员的工作成果。同时可以利用熟知的 Microsoft Word 界面和工具与数以千计装备有 SDL Trados 的翻译人员、翻译公司和企业一同工作。

使用 SDL Trados 的时间越长，库存储内容就越多，因此效率就会越高。一段时间之后，SDL TM 将稳定减少新进工作中一定量的需要抓取翻译的内容。这将显著提高翻译速度和准确性。

SDL TM 可在网络的内部和外部环境协同使用。所以在世界的每一个客户用户都可以借助全部的术语库进行工作，可以在线获取所有的翻译资源，无论 SDL Trados 用户是通过互联网还是实时分享中央术语库的资源。

2. AutoSuggest 字典

使用 AutoSuggest 和自动文本进行翻译。

AutoSuggest 编辑是可用于加快手动翻译速度的功能。AutoSuggest 将监视您的输入内容，在您输入词汇的前几个字符后，为您显示译文语言中以相同字符开头的建议词汇和短语列表。

如果列表中有我们要输入的词汇或短语，我们可以在列表中进行选择以自动填写相关词汇或短语。

如果我们继续输入，则建议的单词列表将不断进行更新。自动文本条目是 AutoSuggest 在我们的翻译订阅源中使用的词汇或短语。

（1）创建词典。我们打开 Trados，点击"主页"，然后在左下方点击"项目设置"，见图 8-13。

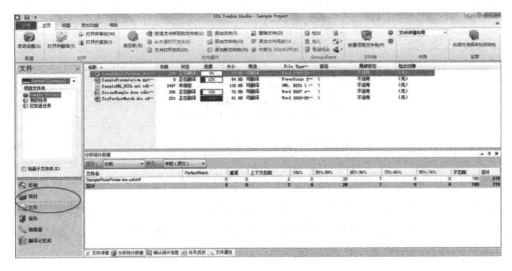

**图 8-13　AutoSuggest 设置**

此时出现一个对话框。在框左边的一栏里面找到所有语言对，选择我们要翻译的文档的目标语言和源语言的选项，见图 8-14。

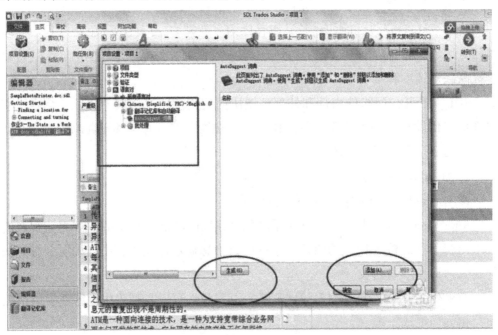

**图 8-14　语言对设置**

我们可以看到语言对下方出现了"AutoSuggest 词典"的选项，在右边的方框中，是词典的生成和添加，见图 8-15。

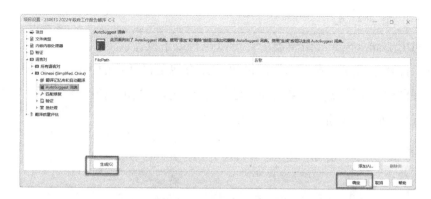

**图 8-15 AutoSuggest 词典生成**

（2）使用翻译记忆库。利用翻译记忆库，就点击"生成"按钮。点击生成后，界面变成了选择翻译记忆库。但这里要注意的是，如果翻译记忆库里的翻译单元少于10000个（2014版Trados），那么是无法生成AutoSuggest词典的，见图8-16。所以要确保有足够的翻译单元。

**图 8-16 AutoSuggest 词典设置成功结果**

添加翻译记忆库后，生成了新的词典，可以根据需要命名。AutoSuggest 词典可以方便用户进行快速输入，比如现在用户要翻译一段话，打第一个字母，如果词典里面有，就会出现提示。如果刚好是所要翻译的单词，按回车键，所要的单词就能直接显示出来。

### 3.SDL TB 术语库

在 SDL Trados Studio 编辑器中，可以执行以下操作。

（1）打开术语库。查看术语库源语言以查找翻译适用的术语。将光标放到句段中就可自动实现该操作。将找到的已翻译术语插入当前句段。按"Ctrl + Shift + L"就可以插入术语到指定位置，见图 8-17。

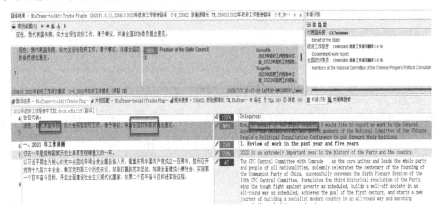

**图 8-17　插入术语**

（2）在术语库中搜索特定词汇。我们可以在当前句段中使用搜索结果，见图 8-18。完成新翻译时，可以将新术语添加到术语库或编辑现有条目。新翻译将立即用于同一文档和其他文档。

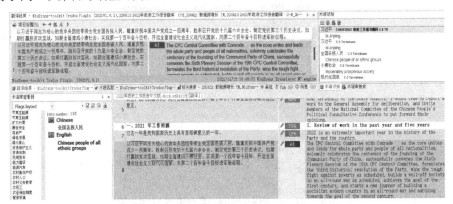

**图 8-18　术语起作用**

（3）术语识别选项。术语识别功能描述了 SDL Trados Studio 如何将当前原文语句与 MultiTerm 中的数据进行比较。MultiTerm 将在翻译文档时自动推荐术语。这可让用户在 Trados Studio 环境下使用术语库。术语库工作界面如图 8-19 所示。

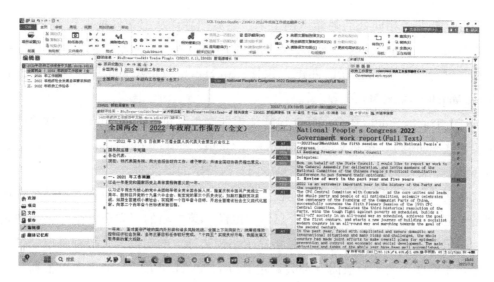

图 8-19 术语库工作界面

与 MultiTerm 术语库中存储的术语类似的每个已知术语都将在编辑器窗口中的原文句段文本中以括号形红线突出显示。此外，术语将在编辑器视图的术语识别中显示，同时显示其在 MultiTerm 中的目标语言条目中的译文。术语编辑器界面如图 8-20 所示。

图 8-20 术语编辑器界面

### 4.双语参考文件

SDL Trados Studio 可以对比新来的项目跟之前翻过的旧文件/已有的双语文

件，自动把两者相同处的翻译识别出来，然后把翻译从旧文件抽取到新文件里。SDL Trados Studio 是通过匹配完成新旧文件的相似程度的判断。根据相似程度的大小，就分出了不同程度的匹配，包括：No Match、Fuzzy Match、100% Match、101% Match、102% Match 等。

　　SDL Trados Studio 还会很智能地帮你识别这些不同（Fuzzy Match 等软件就无法实现这一功能），把新文件用的都尽量给你匹配过来。这就是 Perfect Match（完美匹配）非常不同的地方，它其实是专门针对特定的场景的。

　　在项目设置验证"要排除的句段"可以验证要排除的翻译单元，第一个选项就是 Perfect Match，在句段那里会显示"PM"，第二项的"完全匹配"是指在句段后显示 100%，"已锁定句段"是指显示小锁头标志的句段，一般都是审校过或者客户不准改动的（一般而言都会锁定 Perfect Match 句段），使用者可根据要求进行勾选排除验证，排除后这些句段就不会显示错误或警告，见图 8-21。

图 8-21　Perfect Match 界面

　　在项目文件的分析报告中我们可以看到待翻译文件跟旧文件之间的匹配程度。翻译匹配界面如图 8-22 所示。

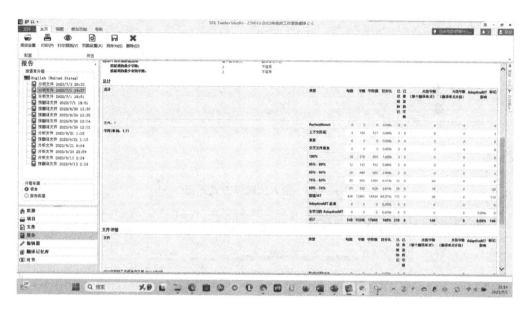

图 8-22　翻译匹配界面

## 二、Trados Studio 2021 单个文件翻译操作

SDL Trados Studio 2021 功能十分强大，操作也十分复杂，本节将展示单语 Word 文档的操作，对于 Excel、PPT、PDF 类文档的翻译，将提供一些展示。

### （一）翻译单个 Word 文档中的操作

通过"开始"菜单或桌面快捷方式，启动 SDL Trados Studio 2021。

在 SDL Trados Studio 2021 中，翻译任务可采用两种方式进行：

一种方式适用于翻译单个文档，另一种方式适用于包含一至多个文档的项目包。"翻译单个文档"操作流程如下。

打开单个文件进行翻译有两种方式，一种是在主页视图中直接点击"拖放文件进行翻译或者【浏览】您的计算机"，另一种是在任意视图中单击"文件">"打开">"翻译单个文档"。下面叙述第一种方式。

（1）可点击"拖放文件进行翻译或者【浏览】您的计算机"，如图 8-23 所示。

**图 8-23　拖入式翻译方式界面**

在选中指定文档后，点击"打开"，出现"翻译单个文档"对话框，如图 8-24 所示。

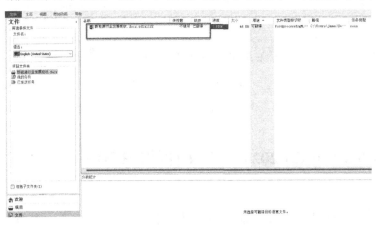

**图 8-24　导入指定文档**

（2）点击"翻译单个文档"后出现下述需要进行语言对、记忆库、术语配置的对话框，如图 8-25 所示。注意：在英文字符状态下，按 C 字母键可直接目视以 C 开头的语言列表，便于选择，如 Chinese。

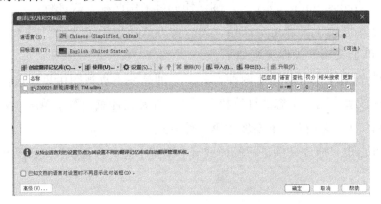

**图 8-25　翻译单个文档设置界面**

（3）创建或使用翻译记忆库。注意勾选"更新"，翻译记忆库会自动将已翻译内容保存在记忆库中。点击"使用"按钮时，其中的"AnyTM"表示可反方向应用该记忆库，即在进行汉译英时可反向利用英译汉语言对记忆库，见图 8-26。

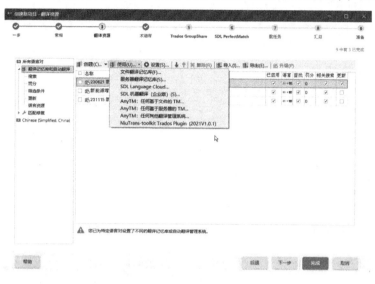

图 8-26　设置翻译记忆库

（4）点击左下角"高级"，设置相关术语库。在"所有语言对"下，点击"术语库" > "使用" > 选择已经准备好的术语库，见图 8-27、图 8-28。点击"确定"后，文档自行加载完毕出现如下对话框。

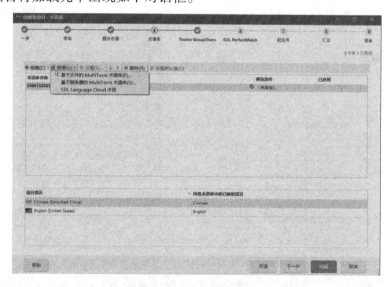

图 8-27　设置术语库

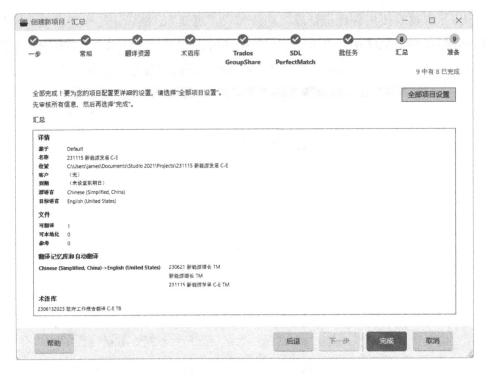

**图 8-28 设置完成的界面**

此时已完成加载翻译记忆库和术语库的操作，见图 8-29。同时还须按下"Ctrl"键和 S 字母键，以保存 sdlxliff 文档。可展开如图 8-30 所示的翻译界面。

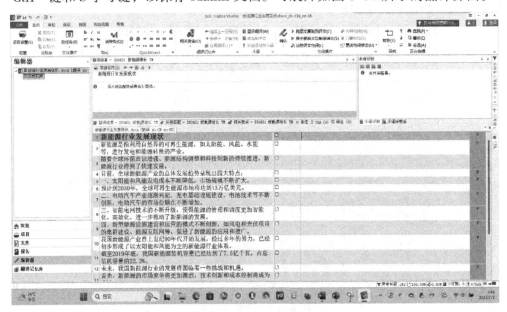

**图 8-29 翻译文件导入完成**

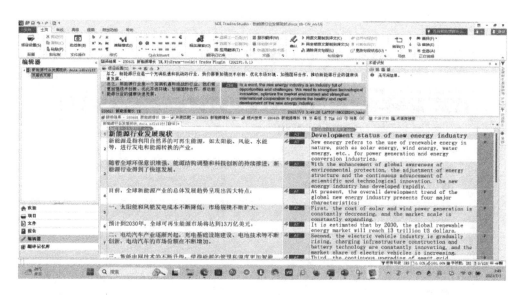

图 8-30　文档翻译界面

## （二）Excel 文档的翻译

（1）点击"拖放文件进行翻译或者【浏览】您的计算机"，点击"翻译单个文档"，如图 8-31 所示。

图 8-31　Excel 文件导入

（2）创建或者打开文件翻译记忆库，选一个记忆库，同样建立术语库，如图 8-32 所示。

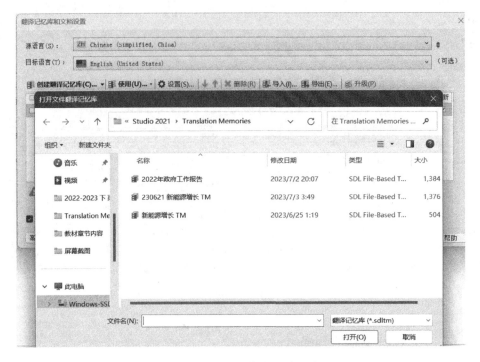

**图 8-32 创建记忆库、术语库**

（3）运用记忆库、术语库及 MT 平台进行翻译，文本翻译界面如图 8-33 所示。

**图 8-33 文本翻译界面**

（4）利用预览窗口看看翻译效果，如没问题保存导出译文即可，导出界面如图 8-34 所示。

**图 8-34　导出文档界面**

Excel 文档翻译要点：

（1）学会如何翻译单个 Excel 表格：添加术语、调用术语、将原文复制到译文、添加记忆库内容、清除译文句段、改句段状态。

（2）学会如何预览译文：外部预览、内部预览。

（3）学会如何保存：如何保存文档、如何保存译文。

PPT 文档的翻译，步骤与 Excel 文档的翻译基本相同。请看图 8-35。

**1. 如何在编辑器视图拖拽文件**
　① 修改语言对
　② 选择、新建翻译记忆库
**2. 如何新建或添加术语库**
　① 打开高级设置
　② 查看项目模板设置
　③ 查看所有语言对设置
　④ 查看翻译记忆库和自动翻译设置
　⑤ 查看术语库设置
　⑥ 新建术语库
**3. 如何翻译文档及新增技术操作要点**
　① 自动沿用
　② 编辑自动本地化日期
　③ 编辑原文
　④ 合并句段
　⑤ 显示非打印字符

**4. 如何预览译文**
　① 外部预览
　② 内部预览
**5. 如何保存**
　① 如何保存文档
　② 如何保存译文

**图 8-35　PPT 翻译步骤**

PDF 文档的翻译，稍微复杂一些。PDF 文档分为可编辑版本或扫描版本。可编辑版 PDF 具有文本层，可在 Studio 2011 以上版本中进行编辑。扫描版 PDF 单纯是整页的图像，没有电子文本字符。

Studio 2015 以上版本可处理这两种 PDF，因为 Studio 内置的引擎可进行光学字符识别（OCR）来提取文本。区分两种 PDF 十分容易。在 PDF 阅读器中打开文件，只有在可编辑版 PDF 中，您才能选择、复制和粘贴单词或句段。

SDL Trados Studio 中用于 PDF 文件类型的 OCR 引擎由 Solid 文档技术提供支持。OCR 技术基于词典，因此仅适用于特定语言，包括：丹麦语、荷兰语、英语、芬兰语、法语、德语、意大利语、挪威语、波兰语、葡萄牙语、俄语、西班牙语、瑞典语和土耳其语。

至于其他类型的任何一种 PDF（均为现实生活中的例子），可以使用语音识别软件在 Word 中口述源文件，然后在 Studio 中翻译此 Word 文件，文件比较大的文档可以用其他的文本识别软件，如 ABBYY Finereader 较高版本，转换成 Word 文档即可。

# 三、MultiTerm 术语库基础及操作

Trados 作为计算机辅助翻译软件，其"辅助"功能主要是依赖两个数据库实现的：翻译记忆库和术语库。

我们除了创建翻译记忆库，还需要创建另一个"大仓库"——术语库。不同于其他的软件，SDL Trados 有专门的软件 MultiTerm 进行术语的创建和添加。

## （一）创建术语库的方法

在桌面上找到"SDL MultiTerm 2021 Desktop"点击图标，启动 MultiTerm。

（1）点击左上角"文件"选项卡，之后单击"创建术语库"。

（2）为新建的术语库命名，存放路径放在默认的路径或者推荐的路径，保存后启动术语库向导，见图 8-36。

图 8-36　术语库设置

（3）下一步，输入术语库名称后，继续下一步进入"索引字段"，见图 8-37。根据个人需求，在语言选项中选择所有翻译中会涉及的语言种类，点击"添加"。然后点击"下一步"，直至完成。这样一个空的术语库就建好了。

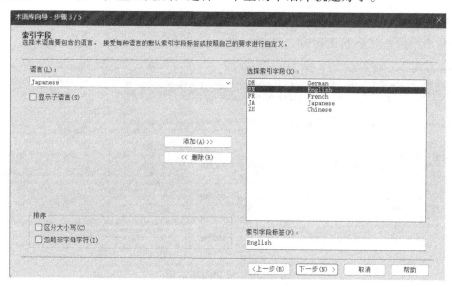

图 8-37　术语库字段设置

（4）我们只需点击"术语库管理"（图 8-38）就可以对术语库进行编辑、导入、导出等操作。

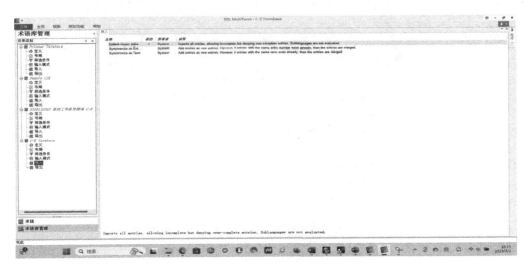

图 8-38　术语库管理操作

构建好翻译记忆库和术语库后，让我们回到 Trados，开始翻译征程。

## （二）添加术语

这里所说的术语，除观念上的专业词汇外，还指我们翻译过程中遇到的高频词汇，免去重复翻译。

添加方法：以单词"可再生能源"为例，见图 8-39。按住 Ctrl 键，同时选中中英双语单词，之后右击鼠标，选择"添加新术语"。

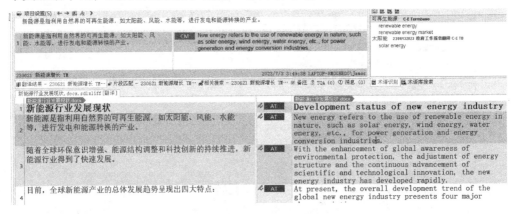

图 8-39　快速添加术语

点击保存图标后，术语会自动显示到术语库中，在待添加术语处单击右键，选择插入术语翻译。源文档中术语上方出现红线，译文中术语出现下划线，如图 8-40 所示。

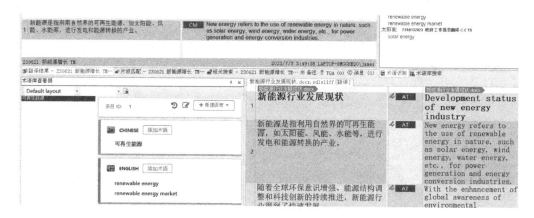

图 8-40　添加后术语详细情况

## （三）手动添加术语

打开 SDL MultiTerm，创建完成一个空术语库后，得到空白界面，点击"新加"，如图 8-41 所示，即可手动添加新术语。

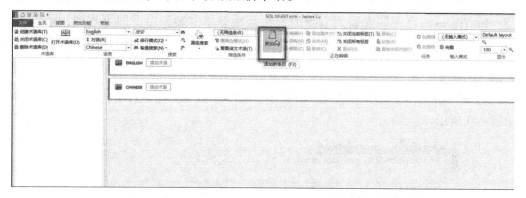

图 8-41　手动添加术语界面

双击国旗下的"铅笔"图标，即可手动输入术语内容。输入完成后，点击"保存"即新建一条术语，见图 8-42。

还可在上方状态栏中对术语释义进行编辑、删除（也可直接单击鼠标右键，调出该功能菜单）。创建好的术语就显示在左侧的术语栏中了。

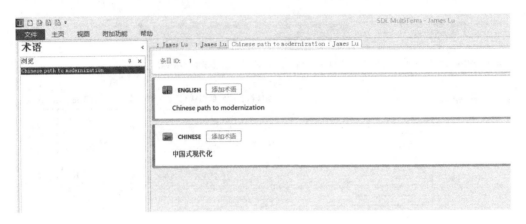

图 8-42　添加好的术语

## （四）导入 Excel 至术语库

MultiTerm 不支持 Excel 表格直接导入，因此我们需要借助其自带的辅助软件 MultiTerm Convert，将 Excel 表格转化成 XML 格式，再导入术语库。该软件在安装 MultiTerm 时已一同安装到电脑上，在开始菜单安装程序下即可找到，点击进入，一直点击"下一步"。一般它位于 C:\Program Files (x86)\SDL\SDL MultiTerm\MultiTerm16 中。

至第三步时，将转换选项选为"Microsoft Excel 格式"，点击"下一步"，如图 8-43 所示。

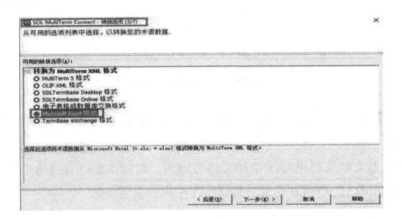

图 8-43　添加 Microsoft Excel 格式

第四步时导入文件（图 8-44），继续"下一步"。记得表格第一行不要输入术语，而是需输入语言方向。

| | A | B | C |
|---|---|---|---|
| 1 | CH | EN | tag |
| 2 | 新进展 | fresh progress | 2023政府报告6-18 |
| 3 | 防控 | prevention and control | 2023政府报告6-18 |
| 4 | 发展职业 | develop vocational | 2023政府报告6-18 |
| 5 | 重大工程 | major project | 2023政府报告6-18 |
| 6 | 新增就业 | new urban jobs | 2023政府报告6-18 |
| 7 | 市场准入 | market access | 2023政府报告6-18 |
| 8 | 优化区域 | improve planning for regional | 2023政府报告6-18 |
| 9 | 负面清单 | Negative List | 2023政府报告6-18 |
| 10 | 应用基础研究 | applied basic research | 2023政府报告6-18 |
| 11 | 金融稳定 | financial stability | 2023政府报告6-18 |
| 12 | 税收优惠政策 | provided policy support | 2023政府报告6-18 |
| 13 | 保险制度 | insurance schemes | 2023政府报告6-18 |
| 14 | 农民工 | migrant workers | 2023政府报告6-18 |
| 15 | 个体工商户 | individually owned | 2023政府报告6-18 |
| 16 | 重大经济 | major economic | 2023政府报告6-18 |
| 17 | 关键环节 | crucial links | 2023政府报告6-18 |

**图 8-44　导入术语文件**

在 Convert 中，为标题字段指定类型，将英文语言字段选为美式英语，中文字段选为简体中文。点击"下一步"直至完成，软件将自动关闭。转换完成的 XML 文件默认保存路径与 Excel 存放路径相同，见图 8-45。

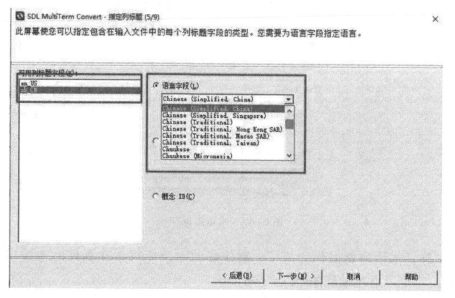

**图 8-45　保存术语文件为 XML 格式**

回到 MultiTerm Desktop，选中已经建好的空术语库，点击右键选择"导入术语库"，见图 8-46。

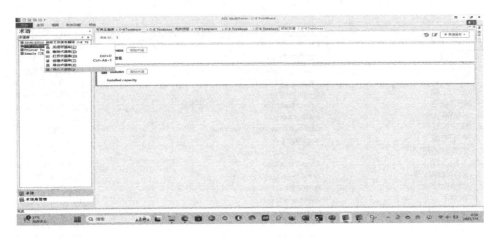

**图 8-46　导入术语文件到术语库**

将 XML 文件导入，点击"下一步"至验证设置时，点击"另存为"（图 8-47），为文件指定名称，点击"下一步"直至完成即导入成功。

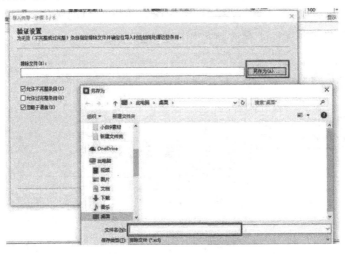

**图 8-47　术语库保存**

这样，术语库就制作完成了，制作好的术语库可以在翻译时连接到 SDL Trados Studio 用作辅助翻译。

## （五）MultiTerm 术语管理

MultiTerm 的界面简要介绍：术语搜索栏用来对术语进行检索等高级操作，新建、编辑、删除术语，选择术语的布局方式，显示所有术语条目，见图 8-48。

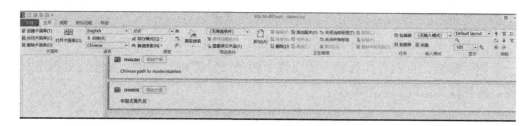

**图 8-48　MultiTerm 工作界面**

术语的布局显示方式可以选择单条术语是以国旗、全部信息、只显示语言、只显示源语言／目标语言或 MultiTerm 经典模式显示，见图 8-49。

**图 8-49　术语格式显示设置**

左侧术语栏中分为三个选项卡，浏览查看所有术语，结果列表可查看搜索、筛选出的术语，术语库可以查看所有打开的术语库，见图 8-50。

**图 8-50　术语浏览与展示**

术语库管理可查看术语库的信息，包括统计信息、语言信息、状态等。

在一个多语种术语库中，往往一个汉语释义对应着不同语种的释义，分为多个条目列在术语库中，我们可以对其进行合并整理。

术语库中有汉语为"计算机"对应英文"Computer"和日文"コンピューター"两条术语。可以看到选项卡中出现了两条"计算机"术语，在空白处单击右键，选择合并即可，见图 8-51。

图 8-51　术语合并

此处需要注意，合并术语会将选项卡中所有术语进行合并，所以合并前须关闭页面上方无关的选项卡。合并后，将第一条"计算机"手动删除即可。

此外，MultiTerm 有着强大的术语搜索功能，一种是普通搜索，类似我们平时使用的电子词典，选择语言方向后，直接手动输入要查询的词语，即可查看术语，见图 8-52。

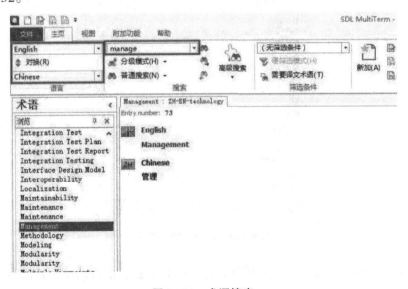

图 8-52　术语搜索

另一种则是高级搜索。分为"普通搜索""模糊搜索"和"全文搜索"。

普通搜索指可搜到术语本身及以术语开头的词组，以 data 为例，见图 8-53。

**图 8-53　普通搜索**

模糊搜索指可搜索到术语中包括要查询字母的词，以 port 为例，可搜到 portability、report 等，见图 8-54。

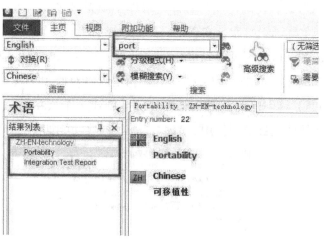

**图 8-54　模糊搜索**

全文搜索指搜索到百分百匹配的术语。此外，还可以用通配符"*"和"?"进行高级检索。例如"or*t"，可检索到 or 和 t 中隔着任意多个字符的单词，"or?t"代表 or 和 t 中隔着任意一个字符的单词。此外，还可以进行多个术语库的搜索。

在 SDL Trados Studio 中对术语库的管理与 MultiTerm 功能相近，在这里就不重复介绍。

## 四、Trados 翻译记忆库基础及操作

翻译记忆库是一个数据库，存储以前翻译过的句子、段落或文本句段。翻译记忆库中的每个条目或每个句段均包含原语言（称为"源文"）及其翻译（称为"译文"）。这些成对的句段称为"翻译单位"或"TU"。

翻译记忆库（通常称为"TM"）与 Trados Studio 等翻译软件一起使用，并在翻译新文档时自动建议 TM 中存储的相同或类似的匹配。这意味着以前翻译过的句子、段落或文本句段再也不需要重新翻译。翻译记忆库支持本地化流程，显著提高每个翻译工作的质量、速度、一致性。

Trados Studio 的记忆库分为项目记忆库和主记忆库。项目翻译记忆库，顾名思义是基于某一个翻译项目特定的记忆库，具有显著的独特性和唯一性。主翻译记忆库则可以基于多个项目共同使用，具有通用性。

在翻译时先启用项目记忆库，可以将翻译内容实时更新到项目记忆库，以防止主记忆库受到污染。在确定项目翻译记忆库正确无误之后，可以将项目翻译记忆库内容更新到主翻译记忆库，实现语料的回收整理。

使用 Trados Studio，一般要先进行译前处理，即从旧文档创建翻译资源。一是可以通过对齐利用先前翻译的文档：对齐利用双语对照单个文档、单语双文档或导入其他 CAT 工具创建的翻译记忆库。二是创建一个 AutoSuggest 词典来实现旧文档资源在新翻译项目中的作用。AutoSuggest 词典功能如图 8-55 所示。

**使用双语对照的单个Word文档**
① 显示所有非打印字符
② 调整Word格式，做成中英段对照
③ 插入表格—文本转换为表格
④ 复制到Excel表格存为.xslx文件
⑤ 方法一
    a. 另存为.csv文件
    b. 导入到MemoQ记忆库
    c. 设置语言列
    d. 导出为.tmx文件
⑥ 方法二
    a. 另存为Tab分割的.txt文件（UTF-8编码）
    b. 导入到Olifant
    c. Import输入文件，选择语言列
    d. 另存为.tmx文件
⑦ 导入到Trados翻译记忆库

图 8-55　AutoSuggest 词典功能

其实，译前处理的内容不少，但大多与翻译记忆库的建立有关。译前处理功能界面如图 8-56 所示。

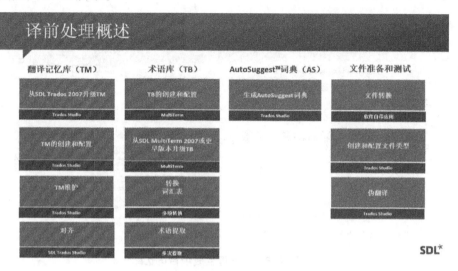

**图 8-56 译前处理功能界面**

## （一）创建翻译记忆库

我们以"2023 政府工作翻译项目"为例，创建翻译记忆库，按照如下步骤。

（1）由于项目翻译记忆库可以理解为在主翻译记忆库之上生成的，因此应首先加载主翻译记忆库。在项目设置中，"语言对" > "所有语言对" > "翻译记忆库和自动翻译"可以创建或者添加一个名为"2022 年政府工作报告"的记忆库，见图 8-57。

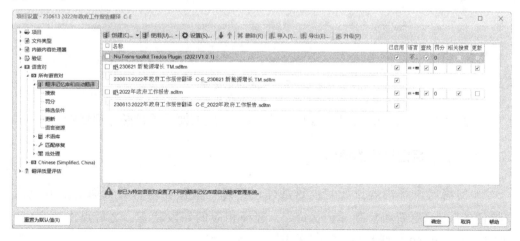

**图 8-57 记忆库设置**

（2）在编辑器页面，点击"批任务">"填充项目翻译记忆库"以生成项目翻译记忆库，见图8-58。

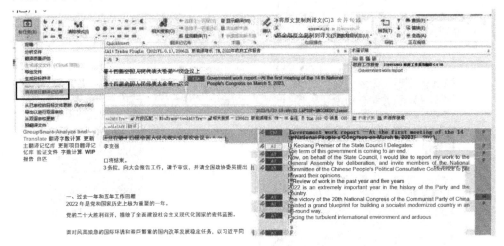

**图 8-58　批处理生成项目记忆库**

生成项目记忆库之后，我们会看到如图8-59所示的界面。

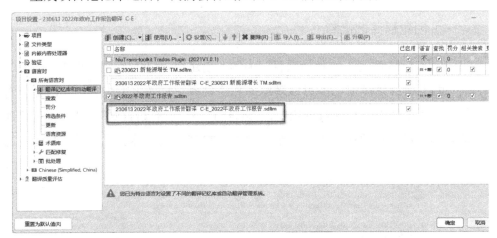

**图 8-59　生成的记忆库**

上面是主翻译记忆库，从主翻译记忆库下生成的便是项目翻译记忆库。

### （二）项目记忆库的更新

如何将已翻译内容更新到项目翻译记忆库？直接在编辑器页面的上方点击"批任务">"更新项目翻译记忆库"，选择相应的句段状态，之后点击"完成"即可，见图8-60、图8-61。

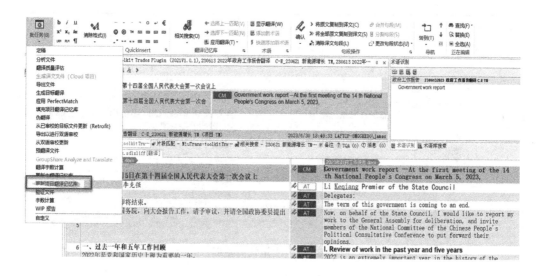

图 8-60　更新翻译项目记忆库

图 8-61　更新完成的记忆库

## （三）主记忆库的更新

在翻译完成后，我们可以将内容直接更新到主翻译记忆库。更新方法与更新主翻译记忆库相似。在"批任务"中选择"更新主翻译记忆库"，进行相应的句段状态选择，见图 8-62。

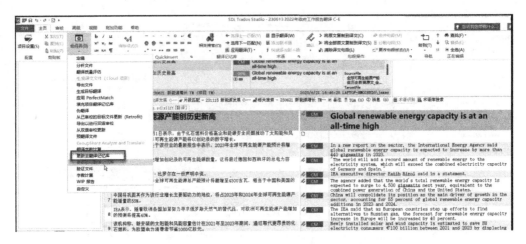

**图 8-62　主记忆库更新**

最后点击"完成"，我们就实现了主翻译记忆库的更新，见图 8-63。

**图 8-63　更新完成的记忆库**

## （四）项目翻译记忆库的查看

（1）回到项目界面，找到本项目，点击"打开项目文件夹"，见图 8-64。

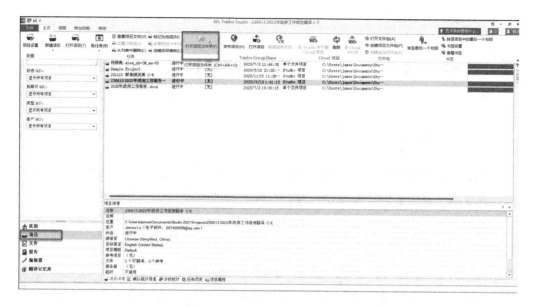

**图 8-64 翻译项目文件的打开**

（2）打开项目文件夹后，我们会发现一个 TM 文件夹（图 8-65），这就是项目记忆库的所在位置，打开后便可以查看项目翻译记忆库。

**图 8-65 打开项目记忆库**

通过上述介绍，我们对项目翻译记忆库和主翻译记忆库都有了一个新的认识，只要多实践，勤操作，一定可以对 CAT 工具得心应手。

## 五、Trados 翻译多文件、机器翻译引擎设置、预翻译、伪翻译

### （一）多文件翻译

Trados 能够使用项目有效处理多个文档，进行批量翻译。这样翻译起来的工作效率更高。首先要建立新项目，进行合并文档的处理。

本功能用于多文件（可以是不同文件类型）翻译项目，旨在统一查找或替换需要更改的相关术语等，而无须分别打开待译文件，尤其是翻译网页文件时（文件数量较大）。文件内容非常相似时，适合使用本功能。

合并文档并非是合并原始文件，而是将多个原始文件合并成一个 XLIFF 文件，以供翻译使用。只有在翻译完毕整个 XLIFF 并使用"定稿"或"保存合并文档"后，合并文档会被拆分成与原文相似的单独文件。

操作步骤如下：

（1）使用"新建项目"。确定项目名称、语言对。新建项目界面如图 8-66 所示。

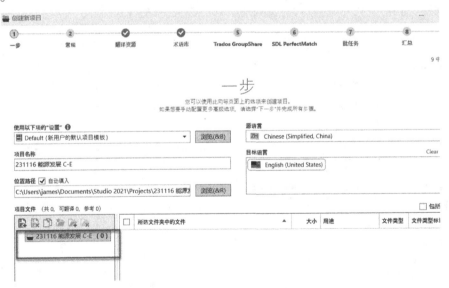

**图 8-66　多文件翻译新建项目**

（2）添加文件夹，加入三个待译文件，选中三个待译文件并点击"合并文件"，

见图8-67。然后，将合并后的文件设为新项目，具体操作见图8-68、图8-69。

**图 8-67　合并待翻译文本**

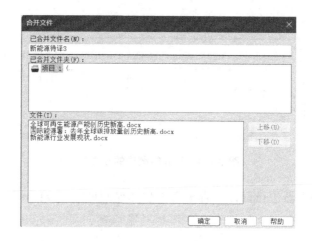

**图 8-68　合并文件为新项目**

**图 8-69　合并的带翻译文档**

（3）打开 Trados 主页，点击左下角"项目"，点击已合并的待译文件，右键"打开并翻译"，见图8-70。

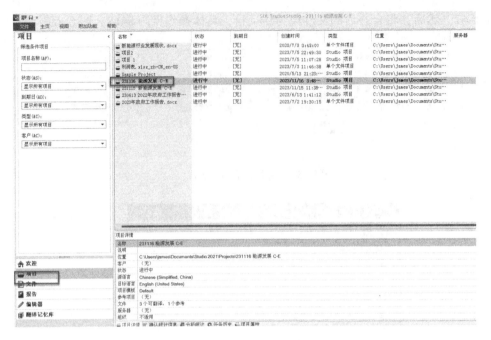

**图 8-70　打开待翻译的新文档**

（4）利用编辑器进行翻译，直至定稿翻译界面见图 8-71。

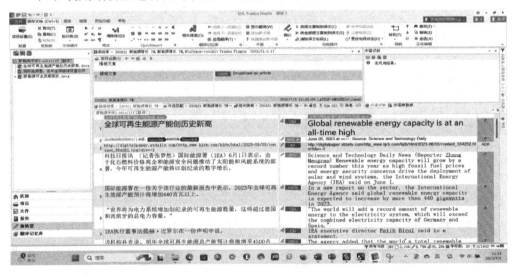

**图 8-71　翻译界面**

"定稿"意味着主翻译记忆库已更新、目标译文已生成（图 8-72）。此时查看译文，均为英语。

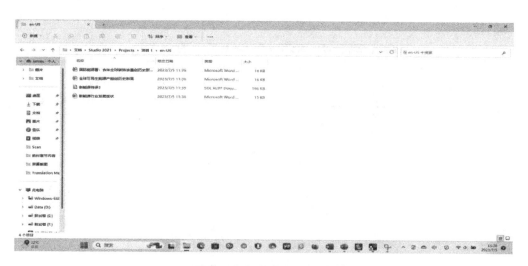

**图 8-72　定稿后生成新的译文**

## （二）机器翻译引擎设置

机器翻译引擎的设置、预翻译、伪翻译也是 Trados 翻译项目中的重要内容。

新建项目后，点击左下角"项目"，点击"项目设置"。选择项目设置"语言对"中的"翻译记忆库与自动翻译"栏。点击右上边的使用，就是一些常用的记忆库和翻译引擎，见图 8-73。

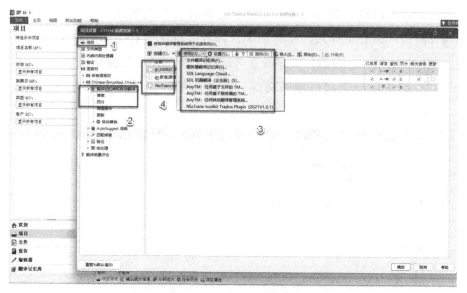

**图 8-73　翻译引擎的设置**

使用批处理，点击"预翻译文件"（图 8-74），机器翻译就能很快地完成待翻译的任务。

**图 8-74　预翻译完成机器翻译**

### （三）伪翻译

若一个软件在设计时并未将本地化能力（Localizability）纳入考虑，那么在实际使用此软件进行本地化翻译时，将有可能会面临许多问题。比如一些语言被翻译后往往会比来源语言的长度更长，于是原始的界面大小便会显得过小而无法正常显示翻译后的文字。

而伪翻译可以模拟翻译过程，以查看已翻译文档在翻译后的概况，以及完成实际翻译所需的额外工作量。这样一来，译者能直观地看到译后模拟样式，以便发现原文存在的格式、排版、文字长度等问题，为翻译过程提供便利。

（1）按照正常步骤创建翻译文件。翻译项目的建立和完成界面如图 8-75、图 8-76 所示。

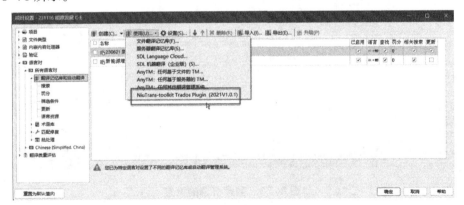

**图 8-75　翻译项目建立**

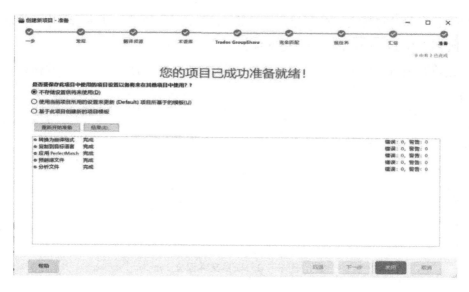

图8-76　项目建立完成

（2）在"批任务"中选择进行伪翻译。设置完成后，可以在项目文件里查看结果。可以看到翻译结果是一系列随机的字符，见图8-77。

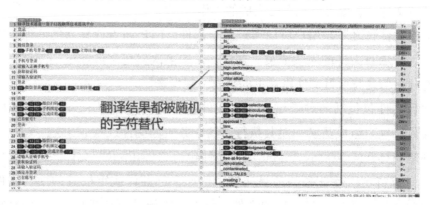

图8-77　伪翻译操作结果

导出翻译文件，打开导出的文件可以看到伪翻译的情况，可以对本地化的结果有初步的了解。

## 六、Trados项目协作基础、创建分发回收项目包

运用Trados Studio进行翻译，项目经理（PM）起到重要的作用。译前他要对

翻译项目有关的材料进行对齐处理、生成 AutoSuggest 词典、创建术语库、提取术语，使用 SDL PerfectMatch 进行更新项目。

创建新项目（图 8-78），包括待翻译的文本和相关的配套文件，并做好项目准备。

**图 8-78　项目文件建立**

接着就是创建项目文件包（图 8-79）。文件包用于拆分现有工作并将其发送给其他团队成员。

文件包是一种文件结构，包含需要发送给项目组成员以便其开始着手处理项目的所有文件。它也可以包含已完成的工作。

创建文件包之后，用户可以通过电子邮件、FTP 站点或喜欢的其他方式将其发送给处理项目文件的团队成员。这样，无须多次发送文件或电子邮件，就能够将所有项目信息与项目文件以连贯的结构一起发送。

项目文件包包括两种类型：项目文件包、返回文件包。项目文件包中包含多个文件，项目组成员必须对其执行手动任务（如翻译或检查）。

创建和打开的 Trados Studio 项目文件包为 "*.sdlppx" 文件。返回文件包中包含已完成特定手动任务的项目文件。例如，已翻译或审校过的项目文件。它也可以包含还需要进一步处理的文件。例如，审校员可能想要返回已翻译文件，因为其中存在需要译员修正的错误翻译。用户可以创建和打开 Trados Studio 返回文件包 "*.sdlrpx"。

**图 8-79  创建分发的项目文件包**

点击"确定",两个分发任务的项目文件包就建成了,如图 8-80 所示。

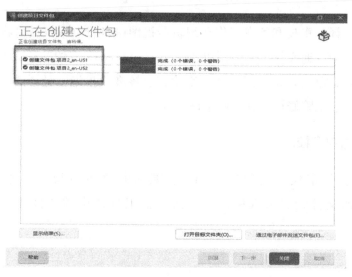

**图 8-80  建好的分发文件包**

打开项目包,分发的项目文件包就建成了。按照项目包分发的邮箱地址,就可以将项目文件发给译者或者审阅的人了。

译者或者审阅人将译好的文件建好返回文件包发给项目经理,以做进一步的处理,见图 8-81。

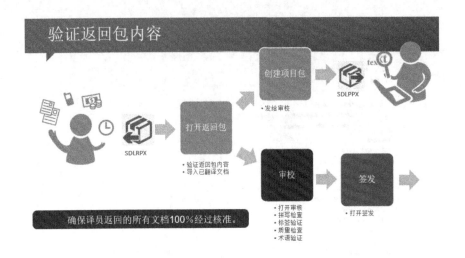

图 8-81　验证返回包

# 七、Trados 运行 QA 检查及内、外部审校匹配设置

文件的翻译、审校和签发工作在编辑器视图中进行。审校员可将待审校的已翻译文件接收为普通文件、文件包或 Trados GroupShare 上的共享资源。选择"打开并审校"后，就可以使用以下各项来检查、核准或拒绝已翻译的文件，具体包括验证、备注、跟踪修订、翻译质量评估 (QA)。

## （一）内部审校

内部审校指审校人也使用 Trados 工具进行文本审校。首先打开后缀为".sdlxliff"的文件，右击选中，或直接点击工具栏中的"打开并审校"，见图 8-82。

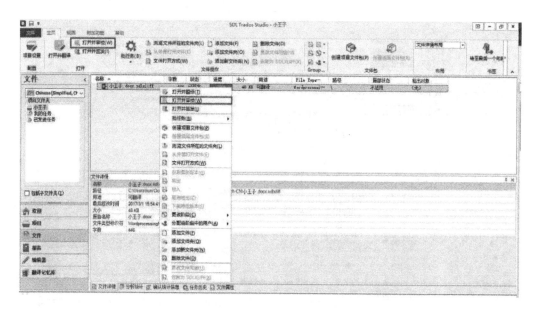

**图 8-82 打开项目审核**

进入审校界面后开始校对。与 Office 审校相似，可以进行删除、插入、修改、添加备注等功能。每校对完一句需按 Ctrl+Enter 组合键加以确认。审核操作界面如图 8-83 所示。

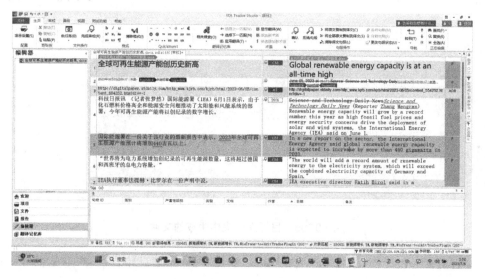

**图 8-83 审校操作界面**

审校完成后，点击"批任务"，选择"生成目标翻译"，见图 8-84。完成后，打开文件所在的文件夹，见图 8-85。

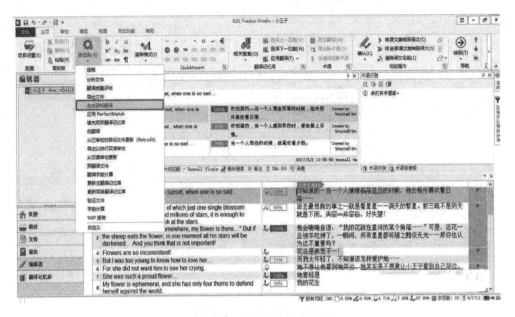

图 8-84　生成目标翻译文件

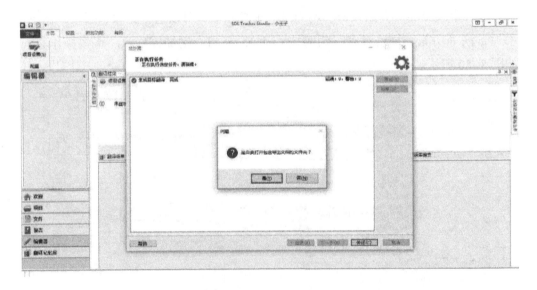

图 8-85　目标文件夹中生成的文件

　　打开 Word 文档，可以直接在 Word 审阅中进行修订审阅，界面见图 8-86。完成后直接交付即可。

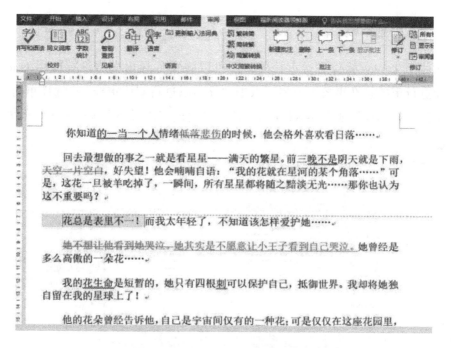

**图 8-86　Word 文档中的审阅界面**

　　也可以直接将文件夹中的".sdlxliff"文件打开，直接在 Trados 中选择接受修订和拒绝，见图 8-87。完成后再定稿，生成目标翻译，导出即可。

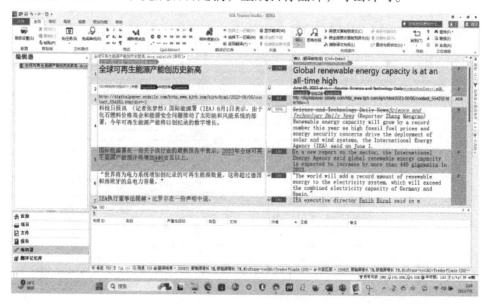

**图 8-87　项目文件中的审阅**

## （二）外部审校

除使用 Trados 软件进行审校外，还可以将文件导出交给没有使用 Trados 的小伙伴进行审校。在审校工具栏下点击"导出以进行双语审校"，选择布局类型，导出文档。具体操作如图 8-88 所示。这也是生成双语对照文本的其中一个方法。

**图 8-88　导出待审核文件**

导出后发给审校人员进行审校，审核中的文档如图 8-89 所示。

**图 8-89　审核中的文档**

审校完成后，将 Word 文档导回至 Trados。

在审校工具栏下点击"从双语审校文档更新"，选择"添加">"待定审校文档"。在"External Review"文件夹下找到审校后的文件，点击"完成"即可。

### （三）从已审校的目标文件更新

在审校工具栏下点击"从已审校的目标文件更新（Retrofit）"，选择"添加">"待定审校文档"。接着设置阈值。我们可以将阈值选为容错，再慢慢调整。将"更新前创建项目文件的备份""更新前审校 Retrofit 结果"勾选，点击"下一步"完成。操作界面如图 8-90 所示。完成后的界面如图 8-91 所示。

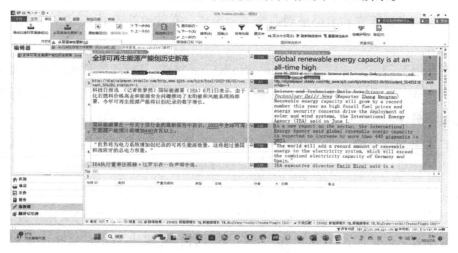

**图 8-90　用审核好的文件更新项目文件**

**图 8-91　完成后的项目文件**

# 八、Trados 常见插件、机器翻译及译后编辑

Trados 是目前主流计算机辅助翻译软件之一，也是每一名翻译从业人员应当熟练掌握的工具。下面介绍一些翻译工作中必备的常用工具类插件。

## （一）术语管理和术语呈现

术语管理和呈现对翻译工作的重要性不言而喻。

插件由术语管理和术语呈现两个部分组成，有效地补齐了 Trados 在术语管理和呈现方面的短板。

在术语管理上，插件支持 Trados MultiTerm 格式、Excel 术语表和自定义术语表，可轻松管理数百万条术语，有利于译者迅速建立大型术语库，术语解析和提取速度十分快。

在术语呈现方面，插件彻底摒弃 Trados 原始的列表框形式，在原文中直接将术语以"原文 + 释义"上下对照的方式呈现出来，一目了然，十分直观。鼠标置于术语上方时，自动弹出释义框供翻译选择，点击即可将释义送入 Trados 译文编辑器，十分方便。另外，插件可以与其他插件组合形成强大的翻译工作平台。

TermExcelerator 是 Trados 2019 的一款插件，它能让 Trados 直接读取双语的 Excel 表作为术语。与 MultiTerm 不同的是，TermExcelerator 只能支持一个语言对。

插件安装完成后，在项目设置中，选择"语言对" > "所有语言对" > "术语库" > "使用" > "Excel-based Terminology provider"。界面见图 8-92。

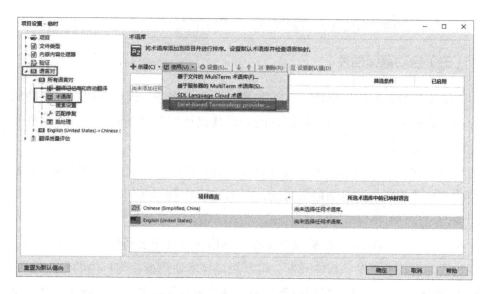

图 8-92　TermExcelerator 设置

点击"Browse"按钮添加 Excel 文件。在设置窗口中，分别设置原文和译文所在的列。插件最多只支持 3 列。其中第 3 列是作为备注列，见图 8-93。

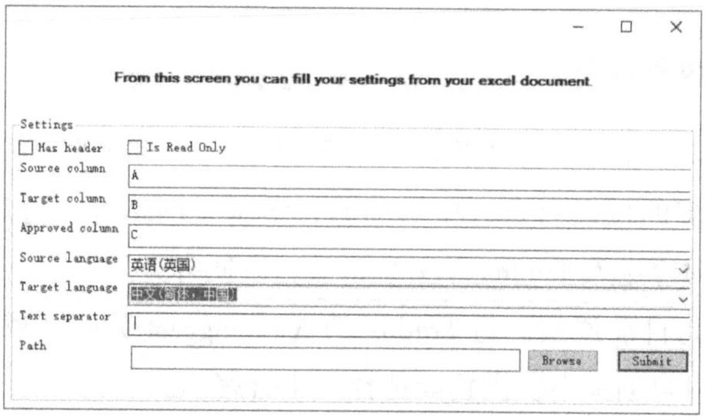

图 8-93　原文和译文设置

## （二）MyMemory 插件

术语和记忆库是翻译工作的两大核心。拥有海量高品质记忆库对翻译工作助益匪浅。MyMemory 是全球最大的免费翻译记忆库，内容涉及欧盟、联合国以及各个行业庞大的多语言内容，是翻译工作不可或缺的参考宝库。

MyMemory 不仅仅是记忆库那么简单。MyMemory 背后有强大的机器翻译引擎支持，如谷歌、Worldlingo 以及 MyMemory 自定义翻译引擎等。对于未在记忆库中获得 100% 匹配的句子，MyMemory 会根据实际匹配情况利用机器翻译将为匹配部分进行智能翻译，因此返回的翻译结果远优于机器译文。

### （三）自动翻译插件

Trados 自带谷歌机器翻译，但谷歌翻译属收费服务，因此可以选择免费的百度和微软翻译服务。中、英、日语言的翻译建议使用百度翻译服务，译文好于微软，账号申请方便快捷。

对谷歌翻译有偏执的，可以通过后面提到的网络搜索插件免费使用谷歌翻译服务。该插件有新句段自动搜索功能，在 Trados 中翻译新句时插件会自动显示谷歌译文。

小牛翻译（NiuTrans）品牌由沈阳雅译网络技术有限公司创立于 2012 年 6 月，是集机器翻译技术研发、软件开发、机器翻译技术使用授权为一体的专业化品牌。平台于 2018 年正式上线，采用最新的神经网络机器翻译技术自主研发，是一个以"机器翻译"为核心服务的开放平台，支持 300 多种语言互译。除基本的文本翻译能力外，还开放了更多 API 接口，用户可通过调用以上接口，将各项翻译能力集成到自有应用软件或平台中，帮助用户解决各种翻译问题。

### （四）网络搜索插件

今天已经没有一个翻译在工作时可以不借助互联网查阅相关知识和信息。插件可以添加无限多的搜索引擎、在线词典、学术类网站等，选定文本即可搜索，点击即可将选定内容送入 Trados 译文编辑器，方便省力。

插件支持新句自动搜索，与 Trados 的 AutoSuggest 关联，搜索结果中的有用部分会随文字键入自动弹出，供翻译选择，十分好用。

### （五）词典插件

词典插件可以涵盖 140 多本专业词典，特别是有牛津高阶、牛津搭配、同义词、习语等目前公认最权威的英汉工具书可供使用，是英汉翻译的必备插件。

另外，插件有新句自动提取术语、即选即查、点击发送等功能，与 Trados 的 AutoSuggest 关联，词典释义项会随文字键入自动弹出，方便好用。

# 第九章　YiCAT 在线翻译实操

## 一、YiCAT 基本概况

### （一）基本概况

YiCAT 是一款由上海一者信息科技有限公司自主研制、行业领先的在线翻译管理教学平台，可用于线上线下翻译教学、翻译技术教学（如机辅翻译、机器翻译、译后编辑、翻译项目管理等）、翻译实训、班级 & 作业管理、实际翻译项目管理等。适用于以真实翻译项目运作为基础的翻译教学活动。

相比传统桌面级翻译软件平台，YiCAT 平台云端架构更符合当前软件发展趋势。在线操作更简单、运行更流畅，无使用人数限制，师生可打破时间和场地限制随时随地访问平台进行教学实训。YiCAT 平台功能强大，提供当下高校翻译教学实训所需的各项功能，从布置作业到教学质量评估，助您一站式轻松完成。功能包括机辅翻译、班级管理、项目管理、课件上传、作业分配、译审同步、跟踪修订、作业评分、考试模式等，具有实时掌控翻译项目进度、高效团队管理、多人协同翻译、文档拆分与任务分配、译审同步、机器翻译 + 译后编辑等特点。

### （二）技术特点

YiCAT 作为一款在线翻译管理平台，其技术有其本身的优势。

（1）支持多格式。支持 DOC / DOCX、XLS / XLSX、PPT / PPTX、RTF、POT、DOT 等 48 种文件类型。

（2）支持多语种。支持中文、英语、日语、韩语、俄语、德语、法语、西班牙语等 46 种语言。

（3）依托全球海量优质记忆库与术语库，支持用户实时检索，毫秒级术语精准识别，保证译文一致性。

（4）30 种 QA 规则。避免低级错误出现，极大程度提高译文质量。

（5）12 种 MT 引擎＋译后编辑模式。接入谷歌、百度、有道、搜狗、小牛翻译和腾讯翻译君等神经网络机器翻译，MT+PE 开启人机交互新模式。

（6）文件分析锁重。自主研发智能算法，字数统计不失毫厘，支持跨文件或文件内部锁重，实现文档高效处理。

（7）翻译项目流程全程掌控。项目进度随时跟进，及时协调项目人员，不错过交付时间。

（8）团队管理，多人实时协同翻译。管理员、项目经理、资源经理、译员、审校，多人同一页面协作翻译，可实现译审同步，系统化实现完整翻译流程。

（9）翻译流程流畅。高并发架构设计，毫秒级响应时间，可承载数万用户同时作业，翻译体验流畅无卡顿。

（10）项目任务可以按句段或字数两种方式进行分配，任务分配更合理高效。

## （三）使用注册

（1）登录 https://www.yicat.vip/，单击"立即使用"或右上角的"登录"键，见图 9-1。

图 9-1　YiCAT 平台主页

（2）注册账号（已注册账号可忽略此步骤）。注册页面如图9-2所示。

图9-2 注册页面

（3）注册完成后登录账号，单击"立即使用"，首次注册 YiCAT 账号时，需填写姓名、手机号等资料，其中团队名称指的是为自己的 YiCAT 团队版账号命名（一个人也可以是一个团队），这里随意填写一个自己喜欢的名字即可。

（4）登录账号，就进入了账户界面，见图9-3。

图9-3 账号主页

# 二、工作界面及基本功能

## （一）个人版用户

YiCAT 主界面左侧任务栏（从上至下）依次为我的任务、项目管理、语言资产、成员管理、考试中心及 T 币账户，见图 9-4。

**图 9-4 个人版主界面信息**

## （二）企业版 YiCAT 用户

企业版主界面的控制面板中包含项目概况、语种概况和团队概况。可视化显示帮助用户从宏观的角度看到所有翻译项目的实际情况，实时显示一定时间内完成的翻译项目、翻译总字数，其中与记忆库匹配的字数，可用于评估 CAT 技术中记忆库数据的使用情况，企业版主界面如图 9-5 所示。

**图 9-5 企业版主界面**

## （三）我的任务

译者可以在"我的任务"里接收公司分配给自己的各项翻译任务，看到项目名称、文件名称、语言方向、截止日期、任务字数等信息，并直接点击"去翻译"或"去审校"，完成任务后直接提交给经理审核，见图9-6。

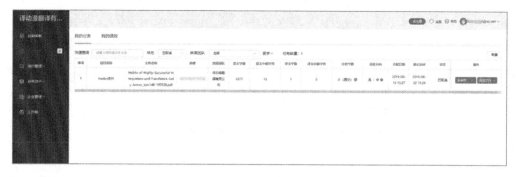

**图9-6 我的任务页面**

## （四）项目管理

项目经理可以在项目管理页面（图9-7）对多个翻译项目进行管理。支持新建项目、快速查询项目、高级设置、显示项目名称和语言方向等。

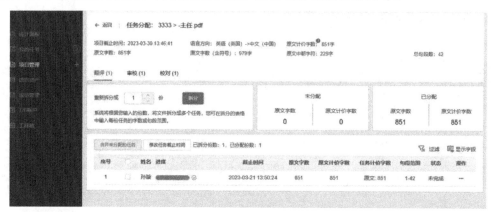

**图9-7 项目经理页面**

## （五）语言资产

语言资产包括记忆库管理和术语库管理（图9-8），用户可分别对记忆库或术语库进行创建、导入、查看、合并、筛选、修改、保存、导出、分享等操作。

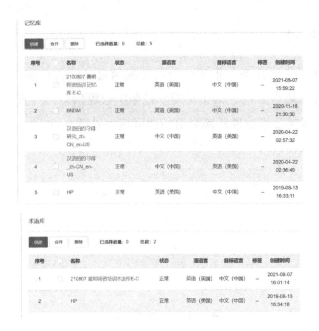

**图 9-8　语言资产信息界面**

## （六）成员管理

成员管理页面（图 9-9）包含成员列表、团队成员查询、批量创建内部账号、邀请平台成员、删除成员等功能。

**图 9-9　成员管理页面**

项目经理可将译者批量添加到自己的翻译团队，分配翻译任务，也可以通过译员详情查看团队中每名成员在一定时间内完成的实训翻译量及其所参加翻译实训的业绩详情，业绩详情报告可供下载查看，见图 9-10。

图 9-10　项目经理成员管理页面

# 三、YiCAT 平台翻译流程及操作

本节以个人译者的一个翻译项目为例，介绍如何运用 YiCAT 平台进行翻译。

## （一）新建项目

单击项目管理页面的"新建项目"（图 9-11），可创建翻译项目。需填写该项目的详细信息。

图 9-11　新建项目

（1）项目名称：输入项目名称。

（2）截止日期：由系统自动创建，默认为创建日期的两周后，用户可自行修改选择项目截止日期。

（3）源语言：由系统自动创建，根据文件中的文字自动识别语言，用户可自行修改。

（4）目标语言：由系统自动创建，用户可自行修改项目目标语言，可多选。

（5）项目组：选择已建好的项目组，或新建项目组。

（6）翻译流程：翻译流程分为翻译、翻译＋审校、译后编辑。若选择译后编辑，高级设置中的"预翻译"功能会默认开启且不可取消。

（7）备注：输入备注信息。

（8）高级设置：包含翻译记忆库、术语库、机器翻译、QA 质量保证、语言质量保证、文档设置、字数计算设置和风格指南，用户在翻译过程中可更改设置。

## （二）高级设置

项目创建中的高级设置展开后，包含翻译记忆库、术语库、机器翻译引擎、质量保证、文档设置等。

（1）翻译记忆库：列表中（图 9-12）包含记忆库名称、状态、目标语言和条目数。用户可新建记忆库，勾选要加载的记忆库，设置最低匹配率，并选择是否启用预翻译。用户可新建记忆库，记忆库语言方向与所建立的语言方向一致。

**图 9-12　翻译记忆库设置界面**

（2）预翻译：用户开启预翻译，系统自动填充匹配句段结果。

（3）术语库：列表中包含术语库名称、语言方向（双向）和条目数。用户可新建术语库，并勾选要加载的术语库，见图9-13。

**图9-13 选择要加载的术语库**

（4）机器翻译引擎：列表中包含谷歌翻译、百度翻译、有道翻译等12种机器翻译引擎，见图9-14，用户可以按需启用上述机器翻译引擎，或者选择不启用。机器翻译结果可应用于预翻译。

**图9-14 机器翻译引擎设置**

（5）质量保证：切换至QA质量保证页（图9-15），有30项QA规则及严重级别供用户设置。用户可自行选择是否启用QA规则，并设置"轻微错误""一般错误"和"严重错误"三种级别,降低审校负担,提高翻译效率。

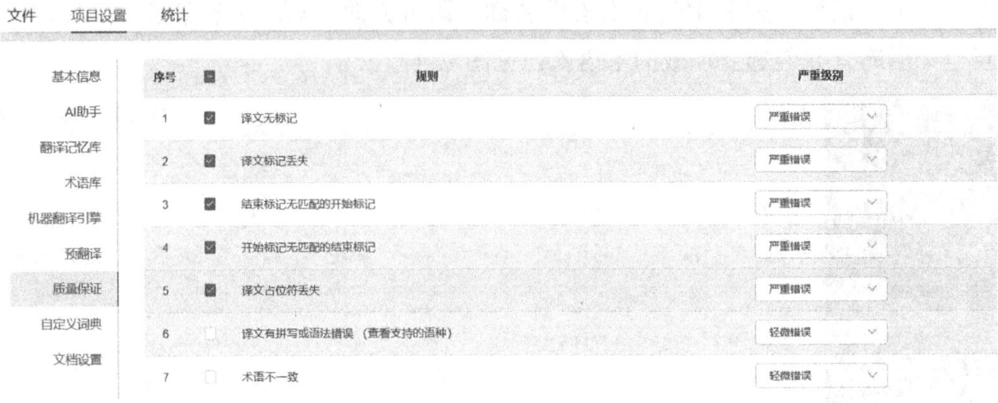

| 序号 | ☑ | 规则 | 严重级别 |
|---|---|---|---|
| 1 | ☑ | 译文无标记 | 严重错误 ∨ |
| 2 | ☑ | 译文标记丢失 | 严重错误 ∨ |
| 3 | ☑ | 结束标记无匹配的开始标记 | 严重错误 ∨ |
| 4 | ☑ | 开始标记无匹配的结束标记 | 严重错误 ∨ |
| 5 | ☑ | 译文占位符丢失 | 严重错误 ∨ |
| 6 | ☐ | 译文有拼写或语法错误(查看支持的语种) | 轻微错误 ∨ |
| 7 | ☐ | 术语不一致 | 轻微错误 ∨ |

文件　项目设置　统计

基本信息　AI助手　翻译记忆库　术语库　机器翻译引擎　预翻译　质量保证　自定义词典　文档设置

**图 9-15　QA 质量设置**

### (三)翻译文档

(1)进入编辑器:YiCAT 编辑器是内嵌至 YiCAT 在线翻译辅助系统的计算机辅助翻译功能。YiCAT 编辑器支持多人实时翻译稿件、编辑标注文档、共享记忆库和术语库、执行预翻译、查看翻译进度、QA 质量检测、多条件句段筛查、跟踪修订、预览等功能。用户可在稿件翻译完成后一键交稿,也可导出文档至本地保存。YiCAT 编辑器页面如图 9-16 所示。

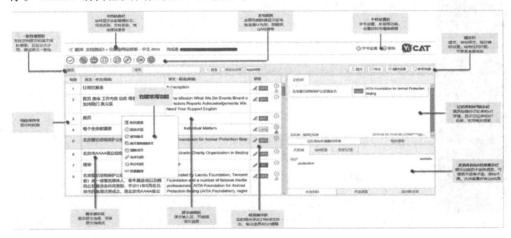

**图 9-16　编辑器页面介绍**

(2)确认句段:在打开的 YiCAT 编辑器中,左边是原文区,右边是译文区,下方是预览区,右上方是翻译结果显示区,即翻译记忆库和术语库匹配结果显示窗口。翻译时，只需要在对应的译文句段中输入译文，然后使用快捷键"Ctrl + Enter"确认翻译即可。此时，译文右侧的句段状态由灰色铅笔变成了一个绿色的对勾，见图9-17。

| 15 | **可再生能源** | **Renewable Energy** | ✓ | 翻译 |
| 16 | 可再生能源（不包括水力发电）的增长略有放缓，至 14%，但太阳能和风能装机容量仍创纪录地增长了 266 GW，其中太阳能占据了最大份额。 | The increase of renewable energy sources（excluding hydroelectric power generation）has slightly slowed down to 14%, but solar and wind capacity has still grown by a record 266 GW, with solar taking the lion's share. | ✓ | 翻译 |
| 17 | **中国新增太阳能和风能最多。** | China has added the most solar and wind power. | ✓ | 翻译 |

图 9-17　确认翻译

（3）记忆库、机器翻译和术语库翻译调用：新建项目设置时，如果添加了记忆库、术语库及机器翻译引擎，YiCAT会根据预先设定的匹配率自动搜索记忆库、术语库中与待翻译文档原文匹配的内容，设置了机器翻译引擎的还会出现参考译文。双击记忆库、术语库及机器翻译引擎中的翻译建议，点击"Ctrl+编号"，翻译就完成。术语在原文栏上边有记号，但确定的只是相应的术语而不是全句。术语辅助翻译界面如图9-18所示。

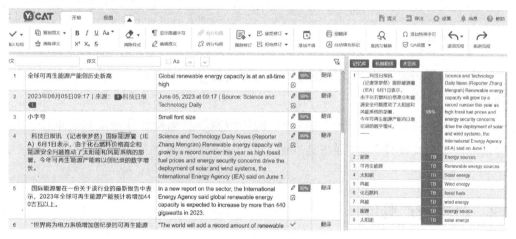

图 9-18　术语辅助翻译界面

此外，用户可在记忆库管理页面管理自身的语言资产，实现记忆库的创建、导入、编辑、删除和合并等操作，并在翻译或审校时调用翻译记忆库。在术语库管理页面，用户可以对术语库进行创建、导入、编辑和删除，并可以在翻译或审校时调用术语库。翻译时，若遇到新术语，可点击右下角的"添加新术语"，添加术语。

翻译完成后，点击确认全部句段。运行 QA，右下角就会出现 QA 检查的结果，并根据需要进行选择，见图 9-19。

图 9-19　QA 质量检查结果

（4）提交任务：完成了翻译任务之后，点击右上方的提交即可更新任务状态。

## （四）审校

审校和译员都是在"我的任务"界面接受任务，下面重点来看一下审校的两种方式。

审校人员可以直接点击"去审校"跳转编辑器页面操作在线或离线审校，也可以点击"离线文件"＞"导出到本地"进行审校，完成之后再导入提交。

# 四、语言资产管理

语言资产包括记忆库管理和术语库管理，用户可分别对记忆库或术语库进行创建、导入、查看、合并、筛选、修改、保存、导出、分享等操作。

翻译记忆库管理可以进行相应的修改处理，页面如图 9-20 所示。

图 9-20　记忆库管理页面

同样地，术语库也是可以进行进一步的修改、整理，页面如图 9-21 所示。

图 9-21　术语库管理页面

# 五、作业任务

运用 YiCAT 平台完成关于丝绸之路的中译英任务。要求建立相应的记忆库、术语库。材料如下：

丝绸之路：古代连接中西方的商道

丝绸之路，简称"丝路"，一般指陆上丝绸之路，广义上分为陆上丝绸之路和海上丝绸之路。

陆上丝绸之路起源于西汉汉武帝派张骞出使西域开辟的以首都长安（今西安）为起点，经甘肃、新疆，到中亚、西亚，并连接地中海各国的陆上通道。西汉时期，陆上丝绸之路的起点是长安（今西安）。西汉之后，丝绸之路起点以国都为准：东汉起点在洛阳；魏晋南北朝有洛阳、长安、平城、邺城等多个起点，还一度以建康为起点；隋唐为大唐西市和开远门；北宋为开封。它的最初作用是运输中国古代出产的丝绸。1877 年，德国地质地理学家李希霍芬在其著作《中国》一书中，把"从公元前 114 年至公元 127 年间，中国与中亚、中国与印度间以丝绸贸易为媒介的这条西域交通道路"命名为"丝绸之路"，这一名词很快被学术界和大众所接受，并正式运用。

"海上丝绸之路"是古代中国与外国交通贸易和文化交往的海上通道，该路主要以南海为中心，所以又称"南海丝绸之路"。海上丝绸之路形成于秦汉时期，发展于三国至隋朝时期，繁荣于唐、宋、元、明时期，是已知的最为古老的海上航线。

2014 年 6 月 22 日，中、哈、吉三国联合申报的陆上丝绸之路的东段"丝绸之路：长安—天山廊道的路网"成功申报为世界文化遗产，成为首例跨国合作而成功申遗的项目。2013 年 9 月，中国国家主席习近平提出建设"新丝绸之路经济带"战略构想。2015 年 3 月 28 日，国家发展改革委、外交部、商务部联合发布了《推动共建丝绸之路经济带和 21 世纪海上丝绸之路的愿景与行动》。

# 第十章　机器翻译与译后编辑

随着大数据和人工智能相关技术的发展融合，机器翻译日益被更多的译员接受，成为不可或缺的一个工具，从而产生了译后编辑这种新的语言服务业态。技术正在帮助译员提高翻译的效率和质量，改变语言服务行业的生态，催生新形式的语言服务需求以及相关职业，也推动了翻译相关专业教学内容以及模式的演进。针对机器翻译和译后编辑的新业态，有诸多理论和实践问题亟待探讨研究，行业内的一些典型的实践案例也为 MTI 专业学生的职业发展规划提供了参考。

## 一、机器翻译简介

机器翻译（Machine Translation，MT），又称为自动翻译，是利用计算机将一种自然语言（源语言）转换为另一种自然语言（目标语言）的过程。它是计算语言学的一个分支，是人工智能的终极目标之一，具有重要的科学研究价值。其中比较流行的工具有百度翻译和有道翻译等。

其实机器翻译一直经历各种问题，经过数年的发展，机器翻译研究也被提上日程，现在已经在诸多领域和许多语种上实现了突破而且机器翻译现在正确率也在稳步增加。

但是现在为了实现译文质量和翻译效率之间的平衡，以及应对机器翻译总会面临的瓶颈期的问题，机器翻译结合译后编辑成为翻译服务行业积极采用的翻译实施方式。这样也可以更加准确地保证译文的准确性。

想要熟悉机器翻译的技术原理，先来看一张机器翻译技术发展历史演示图，见图 10-1。

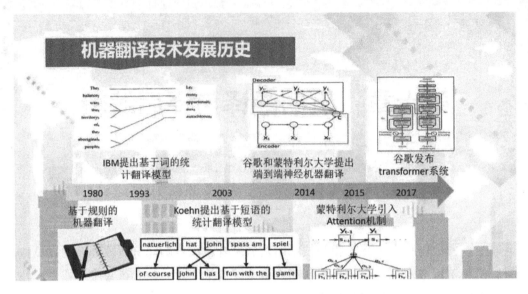

图 10-1　机器翻译技术发展

　　20 世纪 80 年代基于规则的机器翻译开始走向应用，这是第一代机器翻译技术。随着机器翻译的应用领域越来越复杂，基于规则的机器翻译的局限性开始显现，应用场景越多，需要的规则也越来越多，规则之间的冲突也逐渐出现。

　　于是很多科研人员开始思考，能否让机器自动从数据库里学习相应的规则。1993 年 IBM 提出基于词的统计翻译模型标志着第二代机器翻译技术的兴起。

　　2014 年谷歌和蒙特利尔大学提出的第三代机器翻译技术，也就是基于端到端的神经机器翻译，标志着第三代机器翻译技术的到来。

　　了解了机器翻译技术的迭代发展，我们来了解一下三代机器翻译的核心技术：规则机器翻译、统计机器翻译、神经机器翻译。

# 二、机器翻译三大核心技术

## （一）基于规则的机器翻译

　　基于规则的机器翻译大概有三种技术路线，第一种是直接翻译的方法，对源语言做完分词之后，将源语言的每个词翻译成目标语言的相关词语，然后拼接起来得出翻译结果。基于规则的技术路线如图 10-2 所示。

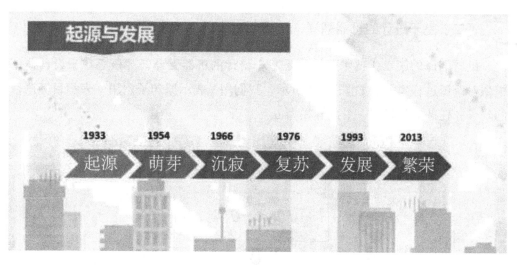

**图 10-2　基于规则的技术路线**

后来，科研人员提出了第二个规则机器翻译的方法，引用语言学的相关知识，对源语言的句子进行句法的分析，由于应用了相关句法语言学的知识，因此构建出来的目标译文是比较准确的。但这里依然存在着另外一个问题，只有当语言的规则性比较强，机器能够做分析的时候，这套方法才比较有效。

因此在此基础之上，还有科研人员提出，能否借助于人的大脑翻译来实现基于规则的机器翻译？这里面涉及中间语言，首先将源语言用中间语言进行描述，然后借助中间语言翻译成我们的目标语言。但由于语言的复杂性，其实很难借助一个中间语言实现源语言和目标语言的精确描述。

基于规则机器翻译的优缺点如图 10-3 所示。

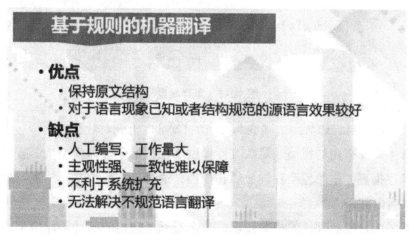

**图 10-3　基于规则机器翻译优缺点**

## （二）基于统计的机器翻译

机器翻译的第二代技术路线，是基于统计的机器翻译，其核心在于设计概率模型对翻译过程建模。如图 10-4 所示，我们用 x 表示原句子，用 y 表示目标语言的句子，任务就是找到一个翻译模型 $\theta$。

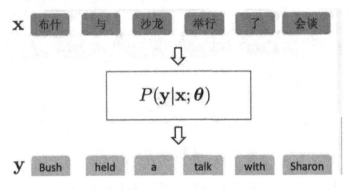

图 10-4　统计模型例子

最早应用于统计翻译的模型是信源信道模型，在这个模型下假设我们看到的源语言文本 x 是由一段目标语言文本 y 经过某种奇怪的编码得到的，那么翻译的目标就是要将 y 还原成 x，这也就是一个解码的过程。

所以我们的翻译目标函数可以设计成最大化 Pr(x|y)，通过贝叶斯公式，我们可以把 Pr(x|y) 分成两项，Pr(y) 的语言模型，Pr(y|x) 的翻译模型，如图 10-5 所示。

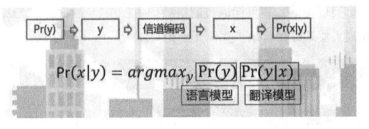

图 10-5　翻译模型

如果将这个目标函数两边同取 log，我们就可以得到对数线性模型，这也是我们在工程中实际采用的模型。对数线性模型不仅包括了翻译模型、语言模型，还包括了调序模型、扭曲模型和词数惩罚模型，通过这些模型共同约束实现源语言到目标语言的翻译。

熟悉了统计机器翻译的相关知识，再来看基于短语的统计翻译模型的三个基本步骤，可参考图 10-6。

第一步，源短语切分。把源语言句子切分成若干短语。

第二步，源短语翻译。翻译每一个源短语。

第三步，目标短语调序。按某顺序把目标短语组合成句子。

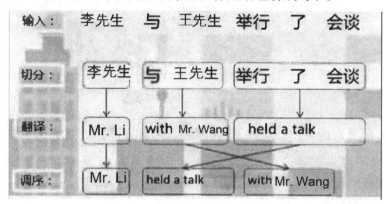

图 10-6 基于短语的统计翻译模型步骤

用图 10-7 总结基于短语的统计机器翻译的优缺点。

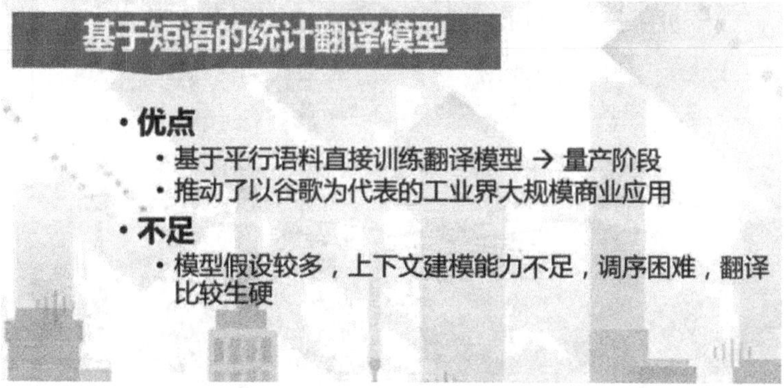

![基于短语的统计翻译模型
·优点
  ·基于平行语料直接训练翻译模型 → 量产阶段
  ·推动了以谷歌为代表的工业界大规模商业应用
·不足
  ·模型假设较多，上下文建模能力不足，调序困难，翻译比较生硬]

图 10-7 统计翻译模型的优缺点

## （三）神经机器翻译

神经机器翻译基本的建模框架是端到端序列生成模型，是将输入序列变换到输出序列的一种框架和方法，如图 10-8 所示。

图 10-8　神经机器翻译模型

其核心部分有两点，一是如何表征输入序列（编码），二是如何获得输出序列（解码）。

机器翻译不仅包括了编码和解码两个部分，还引入了额外的机制——注意力机制，来帮助我们进行调序。

下面我们用一张示意图（图 10-9）来看一下，基于 RNN 的神经机器翻译的流程。

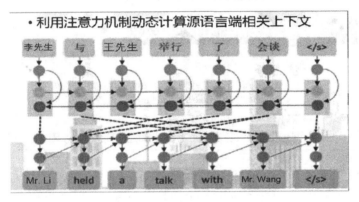

图 10-9　基于 RNN 的神经机器翻译流程

通过分词得到输入源语言词序列，接下来每个词都用一个词向量表示，得到相应的词向量序列，然后用前向的 RNN 神经网络得到它的正向编码表示。

再用一个反向的 RNN，得到它的反向编码表示，最后将正向和反向的编码表示进行拼接，最后用注意力机制预测哪个时刻需要翻译哪个词，通过不断地预测和翻译，就可以得到目标语言的译文。

机器翻译的基本应用可分为三大场景：以信息获取为目的场景、以信息发布为目的的场景、以信息交流为目的的场景。

以信息获取为目的的应用场景，可能大家都比较熟悉，比如翻译或是海外购物时遇到一些生僻词就可以借助机器翻译技术，来了解它的真正意思。购物场景机器翻译译例如图 10-10 所示。

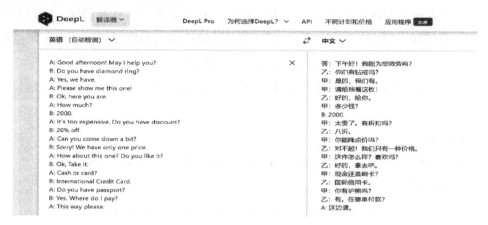

图 10-10　购物场景机器翻译译例

在以信息发布为目的的场景中，典型的应用是辅助笔译。论文写作需要用英文写摘要。如果利用谷歌翻译，将中文摘要翻译成英文摘要，然后做一些简单的调序，得出最终的英文摘要，这其实就是一个简单的辅助笔译的过程。

第三大场景就是以信息交流为目的场景，主要解决人与人之间的语言沟通问题。

## 三、当前机器翻译存在的问题

机器翻译发展的趋势如图 10-11 所示。

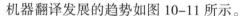
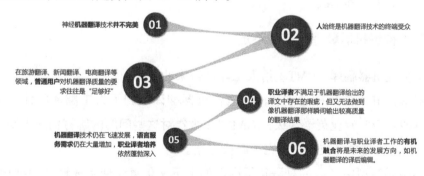

图 10-11　机器翻译发展趋势

### （一）机器翻译现状

目前市面上翻译软件非常多，比较有名的有谷歌翻译、百度翻译、有道翻译等。在中英翻译的实践中，经常把不同平台的翻译译文加以比较。发现不同的机器翻译平台采用的技术不同，翻译的效果各有千秋。

用一句古诗词"千呼万唤始出来，犹抱琵琶半遮面"来测试不同机器翻译平台的翻译效果。

谷歌翻译：

After a thousand calls, he came out, still holding the pipa half-hidden.

百度翻译：

He came out with a thousand calls, and half covered his face with the lute.

Bing 翻译：

A thousand calls began to come out, still holding half-masked faces.

有道翻译：

After calling for a long time she finally came out, still hiding half of her face behind her pipa.

火山翻译：

Yet we called and urged a thousand times before she started toward us, still hiding half her face from us behind her guitar.

可以看出有道翻译效果最好，火山翻译也大体表达出了意思。当然这只测试了一句话，不同语境下效果各有不同，还得靠大家一个个尝试比较。机器翻译究竟效果如何，当前以神经翻译技术引领的机器翻译行业领域存在哪些问题，需要我们进一步的思考和解决。

### （二）神经机器翻译存在的不足

（1）神经机器翻译（NMT）给人工译员带来冲击。

机器翻译和人工翻译是零和博弈吗？机器翻译达到了人工翻译的什么水平，大学英语四六级？专业英语八级？ CATTI 2 级？对这些问题的解答仍是未知。

（2）神经机器翻译技术并非完美解决方案。

机器翻译模型中考虑了双语句子内部的上下文信息，使生成译文的结构非常流畅。但本质上仍是一种基于统计的计算模型，并没有对语言进行"理解"，而且把翻译过程变成了黑盒。

而且机器翻译也会存在漏译、重复翻译等问题。

①漏译。

问题：漏译原文中的词语、短语，甚至一个分句，如图 10-12 所示。

原因：NMT 模型中没有对词之间对应关系进行建模，对于不常见、低频的信息倾向于"舍弃"。

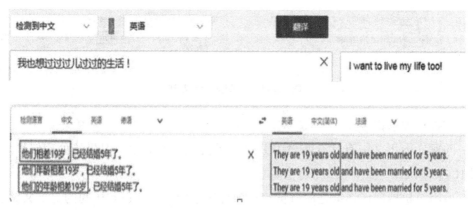

**图 10-12 机器翻译问题例子**

②重复翻译。

问题：对原文中的某个词或者短语重复翻译，如图 10-13 所示。

原因：NMT 模型的生成能力非常强，有时候会"无中生有"。

**图 10-13 重复翻译问题**

③术语误译。

问题：译文无法准确翻译原文中的术语，也无法做到术语翻译完全一致，如图 10-14 所示。

原因：训练数据没见过，机器也不知道这是一个术语。

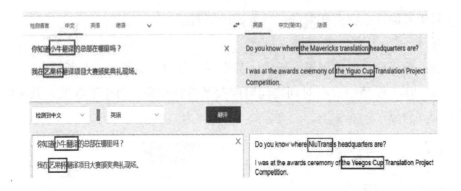

**图 10-14　术语误译实例**

④指代关系错误。

问题：上下文中有具有明显的关联、指代关系的对象，但机器处理错误，如图 10-15 所示。

原因：机器翻译系统是用海量句对训练出来的，不知道句子间的上下文关系。

**图 10-15　指代关系误译**

## （三）机器翻译的未来

为了克服机器翻译现存的问题和不足，未来机器翻译需要在以下方面深入发展。

（1）提高译文忠实度，降低错翻、漏翻等问题出现的概率。

（2）多模态翻译文本、语音、图像、视频。

（3）掌握基于知识的翻译方法，如语言知识、领域知识、常识等。

（4）交互翻译。

（5）提升系统／技术迁移能力。

结合技术的发展和翻译研究的不断发展，理想中的机器翻译系统应该是人机的完美结合，不能只是机器翻译一个方向的发展。

理想中的机器翻译系统如图 10-16 所示。

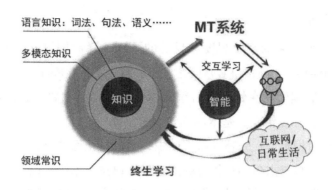

图 10-16　理想的机器翻译系统

在现有的条件下，机器翻译的译后编辑也是一种发展趋势。

# 四、机器翻译的译后编辑

机器翻译的译后编辑是一种新兴的文本编辑方法，它利用计算机程序以相对较快的速度以机器语言翻译和编辑文本，可以更快更精确地完成翻译和编辑工作。随着语言翻译和文本处理技术的发展，越来越多的文档和内容都开始需要机器翻译的译后编辑。这种新兴的编辑方式将有助于传统文档编辑的工作效率提高，也会减少翻译的时间消耗。

译后编辑的作用也很明显，它可以大大简化翻译和编辑的工作，可以节省大量的时间，甚至可以在同一个文档中将多个语言的文本翻译到另一种语言中，从而节省多重翻译的时间成本。此外，由于机器翻译和编辑后的文本更精确，更能体现要表达的意思，从而使后续文本处理更加方便。

但是，译后编辑也有一些弊端。由于机器本身翻译的质量无法与人类翻译相比，它翻译的内容会受到一定的限制，特别是关于文化和习语的内容，可能会出现错误的翻译。另外，由于机器翻译和编辑是基于字面上的翻译，有时会出现用词不当或者意思相违背的情况，这样的文本并不能反映原文的真实意思，从而给读者造成困惑。

## （一）译后编辑

译后编辑指的是通过少量的人工修改以对机器生成的翻译进行完善的过程。进行译后编辑的人员被称为译后编辑员。机器翻译（Machine Translation，MT）与译后编辑 PE（Post-editing，PE）相结合的翻译模式就是 MTPE。

### 1. MTPE 的类型

根据机器翻译结果的修改程度和目的的不同，译后编辑 PE 又分为：快速译后编辑（Light Post-editing，LPE）和完整译后编辑（Full Post-editing，FPE）

（1）快速译后编辑。在快速译后编辑中，人工译员主要检查机器翻译时可能出现的拼写错误、标点错误、基本翻译错误等。

（2）完整译后编辑。在完整译后编辑中，会进行全面的审核和校对，以确保整个翻译的高质量。核查点包括：拼音标点符号、语法、术语，以及漏译、多译、错译、常用句式错误、一般性错误（表述不畅、数目等）、严重错误（公司名称等）。

### 2. 综合类的译后编辑的类型

还有一种分类是根据现有具体形式的综合考虑完成的，可分为如图 10-17 所示的多种类型。

**图 10-17 译后编辑类型**

## （二）机器翻译 + 译后编辑的适用领域

根据崔启亮 2014 年的研究，机器翻译 + 译后编辑的适用领域主要是翻译技术文档和手册。详见可参考图 10-18。

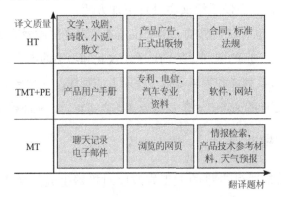

**图 10-18 机器翻译 + 译后编辑适用领域**

聊天记录、网页浏览、情报检索等为了获取基本信息的题材适合机器翻译；文学、诗歌、广告、图书、合同等对译文质量要求高，适合人工翻译；产品用户手册、专利、电信、汽车设计等专业资料，软件和网站等对质量要求适中，对翻译效率要求较高的题材适合机器翻译的译后编辑（结合翻译记忆技术）。这是我们要注意的基本点。

不过由于全球化发展策略的需要，不同类型的客户之间、相同客户的不同产品之间、相同产品的不同市场之间，对翻译的质量、成本与效率的要求各不相同。

通常跨国公司具有合理的翻译预算，对翻译的质量要求较高。互联网和软件行业的客户对翻译效率的要求较传统行业高。规模较小的公司、处于起步阶段的公司对翻译重要性和专业性的认识不足，翻译预算较少，对翻译质量的要求较大公司低一些。

客户公司的旗舰产品的翻译质量直接影响客户公司的市场品牌形象，因此质量要求最高。与全球语言市场比较，德语、日语等需求市场的译文质量要求较高。对质量要求高的题材，对翻译（包括译后编辑）的投入更大。

译后编辑的应用领域有哪些特征呢？或者哪些领域需要译后编辑呢？简单概括为重视译文效率、质量和成本的领域。

为了提高译文效率，使用机器翻译是不二选择，ProZ.com（2013）发布的2012年全球自由译者报告显示，自由译者使用机器翻译的领域比例最高的依次为：文章摘要（52%），术语或文字的译文启发（43.5%），列表与简单、重复性的文字翻译（39.1%），为译后编辑生产翻译初稿（32.8%）。

使用机器翻译输出的译文是译后编辑的工作对象，翻译自动化用户协会（TAUS）分析了专业翻译项目使用机器翻译的四种应用场景：

（1）时间较紧的内容。

（2）译文质量要求不高的内容（例如在线商店展示的产品信息）。

（3）需要人工译后编辑的翻译初稿。

（4）作为检测译文问题的途径，需要审校人员进一步修改的场景。

### （三）译后编辑的流程和任务

结合译后编辑的种种情况，译后编辑要遵从译后编辑的基本流程，详见图10-19。

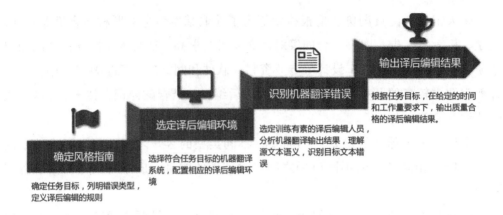

确定风格指南

确定任务目标，列明错误类型，定义译后编辑的规则

选定译后编辑环境

选择符合任务目标的机器翻译系统，配置相应的译后编辑环境

识别机器翻译错误

选定训练有素的译后编辑人员，分析机器翻译输出结果，理解源文本语义，识别目标文本错误

输出译后编辑结果

根据任务目标，在给定的时间和工作量要求下，输出质量合格的译后编辑结果。

**图 10-19　译后编辑流程**

译后编辑人员的任务：

（1）阅读机器翻译结果，并评估是否需要对目标语言内容进行重新表述。

（2）使用源语言内容作为参考，以便理解并在必要时纠正目标语言内容。

（3）使用机器翻译结果中的现有要素或提供新的译文来生成目标语言内容。

### （四）译后编辑的策略

为了确保译后编辑流程顺利，经验丰富的译后编辑人员的重要性不言而喻。由于进行译后编辑是为了缩短翻译周期，所以编辑者的果断决策十分重要。使用搜索工具找出重复的错误，将译后编辑过程自动化，也同样重要。一次识别并修复多个错误，能提升译后编辑速度。此外，还应具有相关领域的专业知识，并较好地掌握目标语言。

机器翻译常用在翻译技术文档和手册方面，因此，计算机辅助翻译工具可以为译后编辑助力。比如，术语库能确保术语的一致性。此外，将文本放入机器翻译系统之前进行预编辑，有助于简化译后编辑的流程。确保格式正确并标记某些不需要翻译的文本，可以减轻译后编辑的工作量。

译后编辑策略：

（1）反应敏捷：只做必要的修改，不要过分在意细节。

（2）自动化：使用 CAT 工具加快速度，以高效高速地进行编辑。

（3）预编辑：在将原文放入机器翻译系统之前，先编辑原文。

（4）制定明确的准则：明确机翻文本的服务对象，以便译后编辑人员对译文进行不同程度的编辑处理。

（5）培训：让语言人员不仅掌握译后编辑技巧，还要了解机器翻译。

## 五、结语

在各种技术触手可及的今天，译后编辑的存在强调这样一个事实：语言行业仍然需要人工翻译。机器翻译最终需要人工编辑便证明了这点。

Gideon Lewis-Kraus 在《纽约时报》刊登的一篇文章中探索了深度学习翻译的巨大可能性。但文中也指出了机器翻译《乞力马扎罗山的雪》的选段质量仍不完美。虽然使用了谷歌最新的神经机器翻译系统，译文非常接近原文，但仍不如人工翻译那么准确。

如果翻译后的内容不面向客户或不在外部使用，那么机器翻译的译文不一定需要译后编辑。但是，如果想公开使用机器翻译的材料，那么在没有译后编辑的情况下，译文可能达不到公认的语法标准。人工智能（AI）在近些年来取得了惊人的进步，这是有目共睹的，但想要超过人类，仍有待进步。

# 第十一章　国际商务谈判翻译实践

## 一、国际商务谈判基础

国际商务谈判（International Business Negotiation）是指国际商务活动中不同的利益主体，为了达成某笔交易，而就交易的各项条件进行协商的过程。国际商务谈判是国际货物买卖过程中必不可少的一个重要环节，也是签订买卖合同的必经阶段。

### （一）国际商务谈判的特点

国际商务谈判既具有一般商务谈判的特点，又具有国际经济活动的特殊性，主要表现在：

#### 1. 政治性强

国际商务谈判既是一种商务交易的谈判，也是一项国际交往活动，具有较强的政治性。因此，国际商务谈判必须贯彻执行国家的有关方针政策和外交政策，同时，还应注意国别政策，以及执行对外经济贸易的一系列法律和规章制度。

#### 2. 以国际商法为准则

由于国际商务谈判的结果会导致资产的跨国转移，必然要涉及国际贸易、国际结算、国际保险、国际运输等一系列问题，因此，在国际商务谈判中要以国际商法为准则，并以国际惯例为基础。

#### 3. 坚持平等互利的原则

所谓平等互利，是指国家不分大小，无论贫富强弱，在相互关系中，应当一律平等。在相互贸易中，应根据双方的需要和要求，按照公平合理的价格，互通有无，使双方都有利可得，以促进彼此经济发展。在进行国际商务谈判时，不论国家贫富，客户大小，只要对方有诚意，就要一视同仁，既不可强人所难，也不能接受对方无理的要求。

### 4. 谈判难度大

由于国际商务谈判的谈判者代表了不同国家和地区的利益，有着不同的社会文化和经济政治背景，人们的价值观、思维方式、行为方式、语言及风俗习惯各不相同，从而使影响谈判的因素更加复杂，谈判的难度更加大。因此，谈判者必须有广博的知识和高超的谈判技巧，不仅能在谈判桌上因人而异，灵活自如，而且要在谈判前注意资料的准备、信息的收集，使谈判按预定的方案顺利进行。

综上所述，足见商务谈判的重要性，做好这个环节的工作，妥善处理商务谈判中出现的各种问题，在平等互利的基础上达成公平合理和切实可行的协议，具有十分重要的意义。

### （二）国际商务谈判步骤

在国际商务谈判中，谈判的双方虽不是敌对关系，但也并非不存在利益冲突和矛盾。传统理念认为商务谈判是一场"战役"，双方竭尽全力地维护自己的利益，足够幸运的一方会成为最终的赢家。

在谈判双方彼此存在长期合作诚意的前提下，谈判的步骤应该为申明价值 (Claiming Value)、制造价值 (Creating Value) 和克服障碍 ((Overcoming Barriers to Agreement) 三个步骤。我们的目的就是给每一位商务谈判者提供一个有效把握谈判进程的框架。许多国外的闻名商学院都是遵循这样的步骤来练习学生的谈判技巧与能力。

（1）申明价值。此阶段为谈判的初级阶段，谈判双方彼此应充分沟通各自的利益需要。此阶段的要害步骤是弄清对方的真正需求，因此，其主要的技巧就是多向对方提出问题，探询对方的实际需要。与此同时，也要酌情申明自身的利益所在。因为你越了解对方的真正实际需求，就越能知道如何才能满足对方的要求；同时对方知道了你的利益所在，也才能满足你的要求。

（2）制造价值。此阶段为谈判的中级阶段，双方需要想方设法地寻求更佳的方案，为谈判各方找到最大的利益，这一步骤就是制造价值。制造价值的阶段，往往是商务谈判最轻易忽略的阶段。一般的商务谈判很少有谈判者能从全局的角度出发去充分制造、比较与衡量最佳的解决方案。因此，也就使得谈判者往往总觉得谈判结果不尽如人意，没有能够达到"赢"的感觉，或者总有一点遗憾。由此看来，采取什么样的方法使谈判双方达到利益最大化，寻求实现双赢的最佳方案就显得非常重要。

（3）克服障碍。此阶段往往是谈判的攻坚阶段，谈判的障碍一般来自两个方面：一个是谈判双方彼此利益存在冲突；另一个是谈判者自身在决策程序上存在障碍。前一种障碍是需要双方按照公平合理的原则来协调利益；后者就需要谈判无障碍的一方主动去帮忙另一方迅速做出适当决策。

上述商务谈判的步骤是谈判者在任何商务谈判中都适用的原则。只要谈判双方都牢记这一谈判步骤，并有效地遵循适当的方法，就能使谈判的结果达到双赢，并使双方利益都得到最大化。

## （三）国际商务谈判的分类

国际商务谈判根据不同的标准，分为很多类别。

按参加谈判的人数规模划分，谈判分为一对一的个体谈判或多人参加的集体谈判。一般关系重大又比较复杂的谈判多为集体谈判。根据参与谈判的利益主体数量的不同，可将谈判分为双方谈判（两个利益主体）以及多方谈判（两个以上的利益主体）。按谈判双方接触的方式，谈判分为面对面的口头谈判与间接的书面谈判。根据谈判进行的地点不同，可将谈判分为主场谈判、客场谈判、中立谈判三种。根据谈判中双方采取的态度，可将谈判分为三种类型：让步型谈判（或称"软式谈判"）、立场型谈判（或称"硬式谈判"）、原则型谈判（或称"价值型谈判"）。

还有一种重要的分类，也是我们要注意的，那就是按谈判的内容分类。企业经济活动的内容多种多样，因此商务谈判的内容也是复杂多样的。我国企业涉外经济活动中经常碰到的涉外商务谈判主要有以下六种。

### 1. 投资谈判

投资就是把一定的资本（包括货币形态资本、物质形态资本、所有权形态资本和智能形态资本等）投入和运用于某一项以营利为目的的事业。投资谈判是指谈判的双方就双方共同参与或涉及的某项投资活动，对该投资活动所涉及的有关投资周期、方向、方式、内容与条件、项目的经营与管理，以及投资者在投资活动中的权利、义务、责任和相互关系进行的谈判。

### 2. 租赁谈判

租赁谈判是指我国企业从国外租用机器和设备而进行的谈判。它涉及机器设备的选定、交货、维修保养、到期后的处理、租金的计算及支付，在租赁期内租赁公司与承租企业双方的责任、权利和义务关系等问题。

### 3. 货物买卖谈判

货物买卖谈判即一般商品的买卖谈判，主要是买卖双方就买卖货物本身的有关内容，如质量、数量、货物的转移方式和时间，买卖的价格条件与支付方式，交易过程中双方的权利、责任和义务问题进行的谈判。

货物买卖谈判是商务谈判中数量最多的一种谈判，在企业涉外商务谈判中占有十分重要的地位。

### 4. 劳务买卖谈判

劳务买卖谈判是劳务买卖双方就劳务提供的形式、内容、时间、劳务的价格、计算方法及劳务费的支付方式等有关买卖双方的权利、责任和义务关系等问题所进行的谈判。劳务本身不是物质商品，而是通过人的特殊劳动，将某种物质或物体改变其性质或形状，满足人们一定需要的劳动过程。

### 5. 技术贸易谈判

技术贸易谈判是指技术的接受方与技术的转让方就技术转让的形式、内容、质量规定、使用范围、价格条件、支付方式及双方在技术转让中的权利、责任和义务关系等问题所进行的谈判。技术本身的特点使技术贸易谈判与一般商品货物买卖谈判有着较大差别。

### 6. 损害及违约赔偿谈判

这里所说的损害是指在商务活动中，由于一方当事人的过失给另一方当事人造成的名誉损害、人身伤害和财产损失。违约是指商务活动中，由于非不可抗力引起的合同一方的当事人不履约或违反合同的行为。上述两种情况下，负有责任的一方要向另一方赔偿经济损失。

损害及违约赔偿谈判是一种较为特殊的谈判。其特殊性表现在：在这种谈判中，首先必须根据事实和合同规定分清责任的归属，这是谈判其他事项的前提。在分清责任归属的基础上，再根据损害的程度，协商谈判赔偿的范围和金额以及某些善后工作的处理。

我们关注内容的分类，是因为在国际商务谈判中，谈判内容对于谈判双方都十分重要，同时内容是我们商务谈判翻译重点关注的内容。

# 二、国际商务谈判中的翻译要求和重点内容

## （一）商务谈判翻译的基本要求

虽然各项人工智能翻译工具已经逐渐普及，但是涉及商务谈判的时候，不仅需要考虑到文字的表述，更需要注意文化的特点，上下文的语境，甚至是环境和肢体语言。优秀的商务谈判翻译比机器更能识别这些相当重要的细节，进而促进双方更快地达成共识。

### 1. 较强的语言能力和专业能力

担任国际商务谈判翻译的语言掌控能力是最基础的能力，能够娴熟地翻译表达，反应能力迅速。同时，还需要了解行业的专业领域相关知识，熟悉双方文化背景，明确双方谈判的内容。

### 2. 掌握谈判的最终目的

在进行谈判之前，国际商务谈判翻译应了解雇主的诉求，并在翻译的时候，在经过雇主许可的情况下，将结果有倾向性地向雇主所希望的目的倾斜。其中需要掌握一定的分寸，有更多斡旋的作用。

### 3. 判断当下局势及对方心理的能力

在进行谈判的时候，难免会出现剑拔弩张的情况，作为国际商务谈判翻译，应能够准确判断谈判时的气氛，在恰当的时候缓解，或者提醒雇主暂时休息避免冲突进一步激化。在服务范围内，根据自己对于对方的语言和文化的理解，为雇主的下一步谈判作出建议。

## （二）商务谈判中的翻译重点

商务谈判的基本要素有三个：一是谈判主体，就是指在谈判中通过主动了解对方并影响对方，从而企图使对方认可自己；二是谈判客体，就是指在商务谈判中谈判主体要了解并施加影响的一方；三是谈判议题，就是指在谈判中双方共同关心的并希望解决的问题。

（1）谈判议题。谈判议题是谈判双方都要熟悉的内容，也是我们商务谈判翻译的重点关注内容。谈判议题中的信息准备是谈判的重要出发点和基础。谈判信息包括：市场信息、谈判对手资料、科技信息、有关的政策法规、金融信息、货

物样品的准备。

（2）相关术语。在各种类型的翻译中，商品买卖谈判、加工贸易谈判、技术贸易谈判、工程承包与租赁、合资合作谈判等都有其各自专业的特点，各类材料的相关术语的把握，也是谈判翻译的关注点。

（3）常用的贸易术语。国际商务谈判中各种贸易规则术语的运用也是翻译中要注意和重视的问题。国际常用的贸易术语共有 11 个（表 11-1），对于谈判人员来说尤为重要，所以翻译好这些术语，在国际商务谈判中是必不可少的。

表 11-1　外贸术语翻译

| 贸易术语 | 英文释义 | 中文释义 | 交货地点 | 风险的转移 |
|---|---|---|---|---|
| EXW | EX Works<br>(...named place) | 工厂交货<br>（指定地点） | 卖方指定地点，如工厂、仓库等 | 买方收货时 |
| FCA | Free Carrier<br>(...named place of delivery) | 货交承运人<br>（指定交货地点） | 指定装运地点 | 货交承运人（Buyer 指定） |
| FAS | Free Alongside Ship<br>(...named port of shipment) | 装运港船边交货<br>（指定装运港） | 装运港船边 | 货物在装运港船边时（Buyer 指定） |
| FOB | Free on Board<br>(...named port of shipment) | 装运港船上交货<br>（指定装运港） | 装运港船上 | 货物装载到船上时（Buyer 指定） |
| CFR | Cost and Freight<br>(...named port of destination) | 成本加运费<br>（指定目的港） | 装运港船上 | 货物装载到船上时（Seller 指定） |
| CIF | Cost Insurance and Freight<br>(...named port of destination) | 成本加运费保险费<br>（指定目的港） | 装运港船上 | 货物装载到船上时（Seller 指定） |
| CPT | Carriage Paid to<br>(...named place of destination) | 运费付至<br>（指定目的地） | 指定装运地点 | 货交承运人（Seller 指定） |
| CIP | Carriage & Insurance Paid to<br>(...named place of destination) | 运费保险费付至<br>（指定目的地） | 指定装运地点 | 货交承运人（Seller 指定） |
| DAP | Delivered at Place<br>(...named place of destination) | 所在地交货<br>（指定目的地） | 买方所在地的指定地点 | 装在运输工具上的货物（不用卸载）交结买方 |
| DPU | Delivered at Place Unloaded<br>(...named place of destination) | 卸货地交货<br>（指定目的地） | 买方所在地的指定地点 | 装在运输工具上的货物（卸货后）交给买方 |
| DDP | Delivered Duty Paid<br>(...named place of destination) | 完税后交货<br>（指定目的地） | 买方所在地的指定地点 | 卖方完成进口清关，将装在运输工具上的货物（不用卸载）交由买方处置 |

总体上而言，商务谈判中翻译是整个谈判进程中必不可少的环节。

# 三、国际商务谈判中的翻译案例

商务谈判中翻译涉及的主要是程序性和信息性的内容的翻译，利用现有的计算机辅助翻译技术来翻译好这些材料，能够很好地处理这些问题。利用好计算机搜索技术，对于商务谈判资料的准备也是大有裨益的。此外，利用现有的语料库工具，还可以解决专业类术语的问题。对于谈判中涉及的法律问题、合同问题、仲裁问题，利用现有的计算机辅助翻译技术也可以很好地处理和解决。

## （一）基本信息的翻译案例

基本商务谈判的信息材料，是商务谈判的开始，需要相关材料的双语版本，同时对于材料中涉及的专业问题，需要进一步去掌握。具体翻译的过程如下。

（1）打开翻译软件，建立翻译项目，并建立好记忆库、术语库和机翻链接，见图11-1。

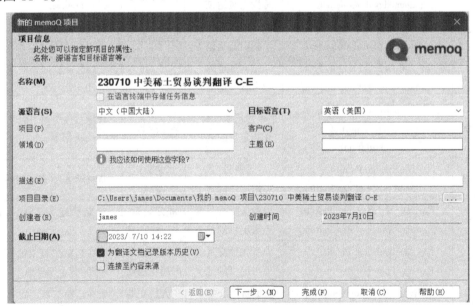

图11-1　翻译项目的建立

（2）导入待翻译的材料，做好设置，翻译项目建成，见图11-2、图11-3。

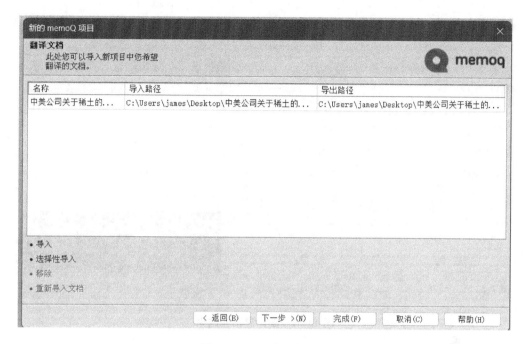

**图 11-2 翻译材料导入**

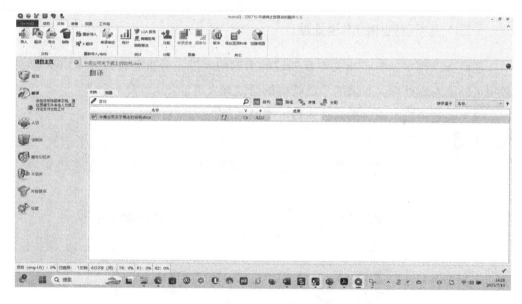

**图 11-3 建成的翻译项目界面**

（3）开始翻译，运用术语库、记忆库和机器翻译插件进行文档的翻译，每一句完成点击"确认"，最后全文翻译完成确认，见图 11-4。

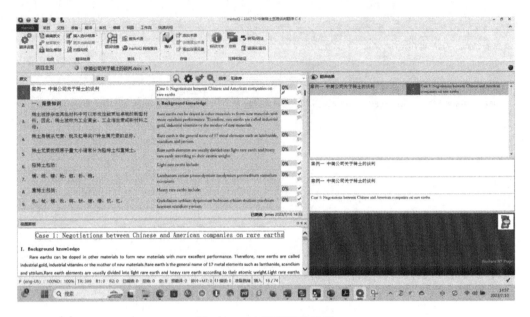

**图 11-4　翻译界面和结果**

（4）审核文件，检查文件中有没有错误，最后导出译文和材料。

## （二）商务谈判中的术语处理

在商务谈判中，对于相关专业领域的术语的掌握十分重要，通过术语平台或者相关的语料库处理，双语的术语就提供给谈判人员。

（1）通过语帆术语宝平台查找稀土类的术语，见图 11-5。

**图 11-5　术语搜寻**

（2）还可以通过搜索技术，查找到一些相关的专业术语表，例如稀土术语国家标准。

（3）通过在线文本提取功能，处理相关材料的术语，见图11-6、图11-7。

**图 11-6　在线提取术语**

**图 11-7　术语提取例子**

## （三）商务谈判材料的机器翻译运用

要翻译的文档为"可可豆进口技术上的问题"，需要很快得到相关资料的英文版。这需要译者电脑上有相关的机器翻译软件或平台。现在使用的平台是GT4T，一款国内的机器翻译平台。

（1）打开机 GT4T 器翻译平台，进入主界面，见图 11-8。

**图 11-8　机器翻译平台 GT4T 界面**

（2）设置好源语与目标语以及翻译风格，直接拖入待翻译文件。机器自动翻译，译稿完成，见图 11-9。

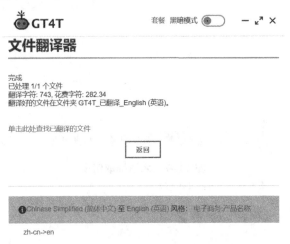

**图 11-9　机译完成结果界面**

机器翻译的情况会清晰地显示在界面上。翻译过程完成后的译文，见图 11-10。

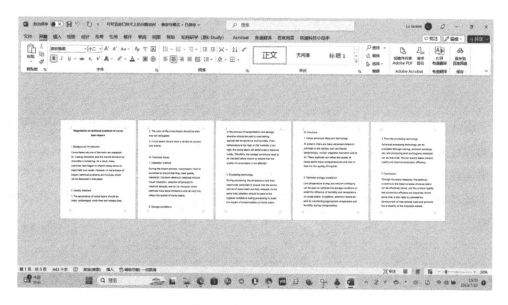

**图 11-10　机译译文展示**

机器翻译完成后会马上显示翻译后的译文。一份格式正确的编辑好了的译文和原文就都完成了，见图 11-11。

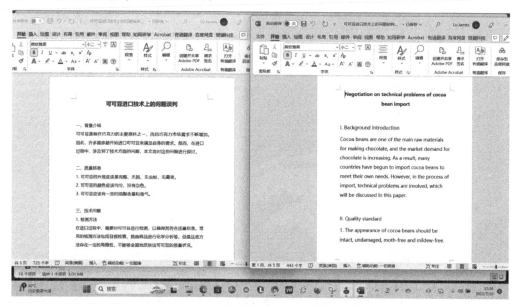

**图 11-11　译好后的原文和译文界面**

# 四、结语

　　国际商务谈判是一项复杂的语言交流活动，谈判人员需要好的谈判技巧和相应的专业知识，对要谈判内容的相关专业知识也需要充分地掌握。同时还要有好的语言沟通能力。如果借助计算机辅助翻译技术，谈判准备工作中的材料准备和语言准备就会游刃有余了。期待未来的国际商务谈判中，看到更多翻译工作者的出现。

# 参考文献

[1]  Booker L. Computer-aided Translation Technolog: A Practical Introuction [M]. Ottawa: University of Ottawa Press, 2002.

[2]  崔启亮.企业语言资产内容研究及平台建设 [J]. 中国翻译, 2012（6）.

[3]  弗里德尔.精通正则表达式 [M].北京：电子工业出版社, 2008.

[4]  国际商会.国际贸易术语解释通则 2020 [S].北京：北京对外经济贸易大学出版社, 2019.

[5]  冯志伟.自然语言处理中的概率语法 [J].当代语言学, 2005（2）.

[6]  韩林涛.译者编程入门指南 [M].北京：清华大学出版社, 2019.

[7]  胡开宝, 朱一帆, 李晓晴.语料库翻译学 [M].上海：上海交通大学出版社, 2018.

[8]  梁茂成, 李文中, 许家金.语料库应用教程 [M].北京：外语教学与研究出版社, 2018.

[9]  李晓明, 闫宏飞, 王继民.搜索引擎：原理技术与系统 [M].北京：科学出版社, 2005.

[10]  李学为.搜索引擎中网络蜘蛛搜索策略比校研究 [J].计算技术与自动化, 2003（4）.

[11]  吕奇, 杨元刚.计算机辅助翻译入门 [M].武汉：武汉大学出版社, 2015.

[12]  曲扬.国际商务谈判 [M].北京：化学工业出版社, 2011.

[13]  钱多秀.计算机林助翎译 [M].北京：外语教学与研究出版社, 2011.

[14]  全英.国际商务谈判 [M].北京：清华大学出版社, 2003.

[15]  陶友兰, 刘宁赫, 张井.翻译技术基础 [M].上海：复旦大学出版社, 2021.

[16] 王传英 . 从"自然译者"到 PACTE 模型：西方翻译能力研究管窥 [J]. 中国科技翻译，2012（4）.

[17] 王华树 . 浅议翻译实践中的术语管理 [J]. 中国科技术语，2013（1）.

[18] 王华伟，王华树 . 翻译项目管理实务 [M]. 北京：中国对外翻译出版社，2013.

[19] 王华树，李莹 . 翻译技术简明教程 [M]. 广州：世界图书出版公司，2019.

[20] 王华树 . 计算机辅助翻译实践 [M]. 北京：知识产权出版社，2019.

[21] 王华树，王少爽 . 信息化时代翻译技术能力的构成与培养研究[J]. 东方翻译，2016（1）.

[22] 王华树 . 计算机辅助翻译概论 [M]. 北京：国防工业出版社，2015.

[23] 王世民，缪志聪 . 学习力：颠覆职场学习的高效方法 [M]. 北京：电子工业出版社，2018.

[24] 徐彬 . 翻译新视野：计算机辅助翻译研究 [M]. 济南：山东教育出版社，2010.

[25] 王克非 . 语料库语言学探索 [M]. 上海：上海交通大学出版社，2012.